神奇的菌菇世界

主编　宋春艳　鲍大鹏　赵　飞

西安电子科技大学出版社

内容简介

《神奇的菌菇世界》是一本充满趣味与知识的科普读物，书中不仅详细介绍了香菇、金针菇、双孢蘑菇等常见食用菌，还揭秘了红托竹荪、猪肚菇等较为罕见的品种，也介绍了灵芝等药用菌的神奇功效。本书通过生动的插图和文字，介绍了这些菌菇的生长环境、营养价值，还通过有趣的故事和科学知识揭示了菌菇在自然界中的独特角色和在人类生活中的广泛应用。无论是美食爱好者、健康追求者，还是对大自然充满好奇的读者，都能在本书中找到乐趣，获得启发，重新认识这些看似平凡却充满奥秘的“小生命”。

图书在版编目（CIP）数据

神奇的菌菇世界 / 宋春艳主编 .-- 西安 : 西安电子科技大学出版社 , 2025. 5.
-- ISBN 978-7-5606-7615-9

Ⅰ . N4

中国国家版本馆 CIP 数据核字第 20248751AE 号

策　　划　刘芳芳
责任编辑　刘芳芳　陈　婷
整体设计　焦转丽
出版发行　西安电子科技大学出版社（西安市太白南路 2 号）
电　　话　（029）88202421　88201467　邮　编　710071
网　　址：www.xduph.com　电子邮箱：xdupfxb001@163.com
经　　销　新华书店
印刷单位　陕西金和印务有限公司
版　　次　2025 年 5 月第 1 版　2025 年 5 月第 1 次印刷
开　　本　787 毫米 × 1092 毫米　1/ 16　印　张　8.75
字　　数　140 千字
定　　价　38.00 元
ISBN　978-7-5606-7615-9
XDUP　791600-1

《神奇的菌菇世界》参编人员

主　编	宋春艳	鲍大鹏	赵　飞		
编　著	王　倩	王维君	王瑞娟	冯　娜	刘艳芳
	李巧珍	李正鹏	杨　焱	吴莹莹	宋春艳
	张劲松	张美彦	陈　辉	陈洪雨	尚晓冬
	庞小博	赵　飞	唐庆九	章炉军	鲍大鹏

（以姓氏笔画为序）

序言

在广袤的大自然中，菌菇宛如神秘的精灵，悄然生长在山林间、草地上、沙土中。它们形态各异，有的小巧玲珑，有的硕大无朋；它们色彩缤纷，有的淡雅，有的艳丽。随着菌菇人工栽培技术的突破，越来越多的美味菌菇经过栽培后被端上了百姓的餐桌。然而，菌菇的世界远不止我们肉眼所见的这般简单。

“科有趣”创立于2019年2月，是一个致力于以轻松、有趣的漫画方式普及科学知识的公众号。2021年8月25日，上海市农业科学院食用菌所鲍大鹏老师在“科有趣”上发表了第一篇菌菇漫画《手里的香菇为什么不香了》，解答了不少资深食客对市场上的香菇没有早前香的质疑。尔后，包括我在内的食用菌所的老师先后在“科有趣”上发表了“侧耳家族的故事”“沪上食有菇系列”“珍稀营养菌菇系列”“与菌共舞”“菇助健康之功效成分系列”等菌菇类科普漫画。为了能让更多的读者认识菌菇、爱上菌菇，我们现将这些有趣的内容进行整理，出版成书。

本书将带领读者走进一个充满妙趣与惊喜的菌菇王国，它以生动有趣的图文，揭开了菌菇的神秘面纱，展现了它们独特的生命历程、奇妙的生态作用以及与人类生活千丝万缕的联系。读者会看到，菌菇不仅是大自然的一部分，也是人类饮食、医药和生态系统中不可或缺的重要角色。从餐桌上的美味香菇、杏鲍菇、鹿茸菇、羊肚菌到具有药用价值的灵芝等，菌菇为人们的生活带来了丰富的滋味和健康的保障。

希望这本菌菇类科普图书能够成为读者了解菌菇世界的一把钥匙，让大家在欣赏精彩漫画的同时也能收获丰富的知识，并对这些神奇的生物有更深入的了解。现在，让我们开启神奇菌菇世界的奇妙旅行吧！

宋春艳

2024 年 6 月 28 日

CONTENTS 目录

第一章 食用菌的前世今生

第二章 食用菌的家庭成员

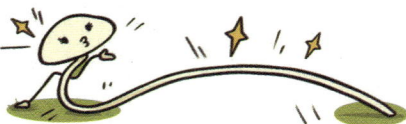

第三章 食用菌的价值功效

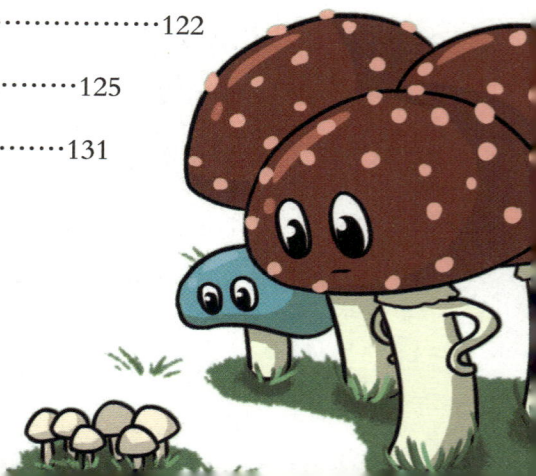

第一章

食用菌的前世今生

1.1 大型真菌资源的多样性

数量种类

今天来了解一下我国大型真菌多样性以及保护和利用的情况。

科学家发现我国目前有1662个大型真菌分类单位，其中食用菌有1020个，具有药用价值的692个，有毒的480个。

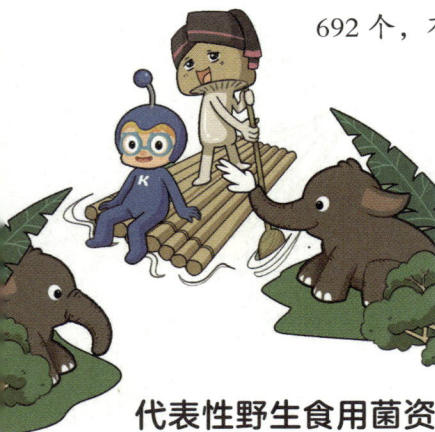

从地域来看，西南地区是我国野生食用菌资源最丰富的地区，仅在云南就发现食用菌有882种以上。

代表性野生食用菌资源

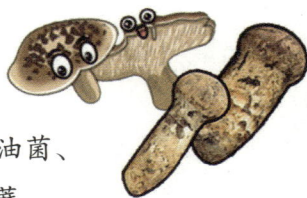

我国具有代表性的野生食用菌主要有块菌、松茸、干巴菌、牛肝菌、虎掌菌、羊肚菌、鸡枞、鸡油菌、老人头、正红菇、马鞍菌、奶浆菌、青头菌、草原黄蘑、冬虫夏草等。其中，牛肝菌和松茸还是我国主要的出口创汇品种。

受威胁状况评估

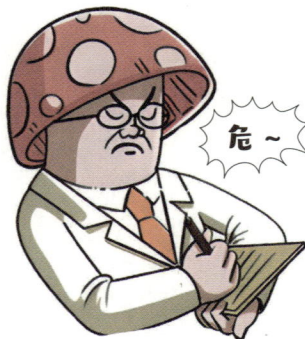

危～

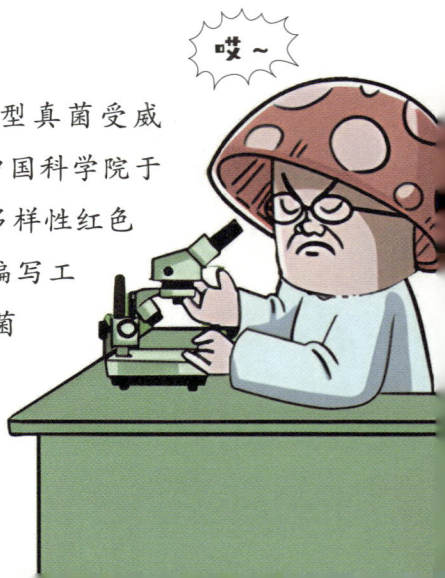

哎～

为了全面评估我国大型真菌受威胁状况，生态环境部联合中国科学院于2018年完成了《中国生物多样性红色名录——大型真菌卷》的编写工作，共计有140位中国真菌学家参与其中。

评估涵盖了我国（包括台湾地区）9302种大型真菌，其中有97种面临威胁。这97种中，9种极危(CR)，25种濒危(EN)，62种易危(VU)，1种疑似灭绝(PE)。

科学家认为，全球气候变暖、土地被过度利用、森林遭砍伐导致的栖息地丧失是影响我国大型真菌生存的重要因素。此外，过度采挖和开发利用，以及不良的采挖方式也是食药用大型真菌的主要威胁因素。

保护区较少

目前针对大型真菌的保护区较少，主要有天佛指山国家级自然保护区、小金县冬虫夏草自然保护区、百山祖野生香菇和黄靛牛肝菌种质资源保育区、祁连山国家级自然保护区大型真菌保育区、大别山菌物药资源保育区、黑龙江东宁中俄边境黑木耳保育区、吉林图们市中朝边境黑木耳保育区、雅江县格希沟国家级自然保护区内大型菌物种植基地等。

大型真菌标本馆和菌种保藏中心

我国拥有多个专业的大型真菌标本馆和菌种保藏中心，它们为大型真菌资源的迁地保护提供了便利条件。

大型真菌标本馆有中国科学院微生物研究所菌物标本馆、中国科学院昆明植物研究所标本馆、广东微生物研究所标本馆、吉林农业大学菌物标本馆等10余家标本馆。

专业性的菌种保藏中心有中国普通微生物菌种保藏管理中心、中国农业微生物菌种保藏管理中心、中国典型培养物保藏中心、广东省微生物研究所菌种保藏中心、上海市农业科学院食用菌研究所菌种保藏中心。

2022年，农业农村部种业管理司发布了第一批国家级农业微生物种质资源库名单，包括上海市农业科学院在内的四家单位获批国家食用菌种质资源库。这是我国食用菌种质资源保护与利用工作的新起点。

中国是世界上最重要的食用菌生产国和消费国。目前在食用菌类群中，约有200种优质食用菌已经进行了实验性驯化栽培，100余种进行了经济栽培，60余种实现了商业化栽培，10种以上在全球多个地区实现规模化生产。食用菌的大规模生产为人们的生活提供了丰富、美味、健康的食物。

大型真菌是地球生命共同体的重要组成部分，希望我们能够深入了解、全面保护和合理利用大型真菌资源。

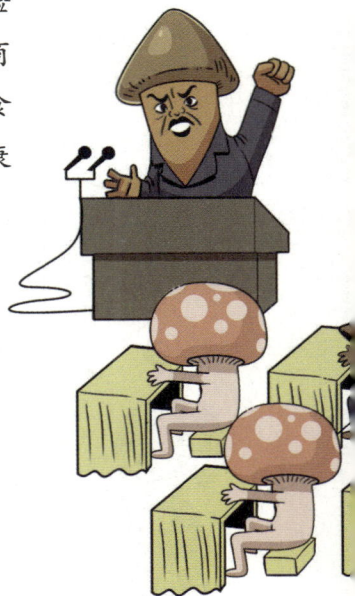

1.2 什么是食用菌?

中国人历来注重饮食，现在我们的餐桌上除了常见的肉类、蔬菜，食用菌也备受青睐。

随着栽培技术的不断提高和推广，越来越多的食用菌从大山深处走向了千家万户的餐桌。目前国内农贸市场和超市里常见的食用菌有十几种，例如新鲜的香菇、双孢蘑菇、金针菇、杏鲍菇、羊肚菌以及干制香菇、木耳等。

什么？难道食用菌不是植物吗？不应该归为蔬菜吗？

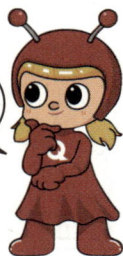

食用菌味道鲜美，且具有独特的食疗保健作用。联合国粮农组织和中国食用菌协会都推荐把“一荤一素一菇”作为人类最佳的膳食结构。

食用菌与植物、动物的区别

食用菌既不属于动物，也不属于植物，它属于微生物中的大型真菌。

以前，食用菌因为定植生长和有细胞壁的特性而一度被分到植物界，但它与植物有着根本的不同。植物大多具有叶绿体，可以通过光合作用把无机物转化为有机物，从而实现营养上的自给自足。食用菌没有叶绿体，需要依靠分解和吸收有机物质而生存，属于异养生物。食用菌在营养摄取上与动物相似，却需要从植物那里获取营养。后经科学家研究发现，食用菌出现在地球上的时间要比植物晚约3亿年，和动物的亲缘关系更近。

食用菌是由许多菌丝组成的集合体，不能像动物一样自由移动。

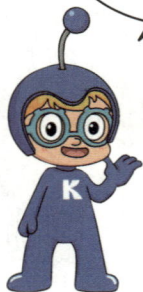

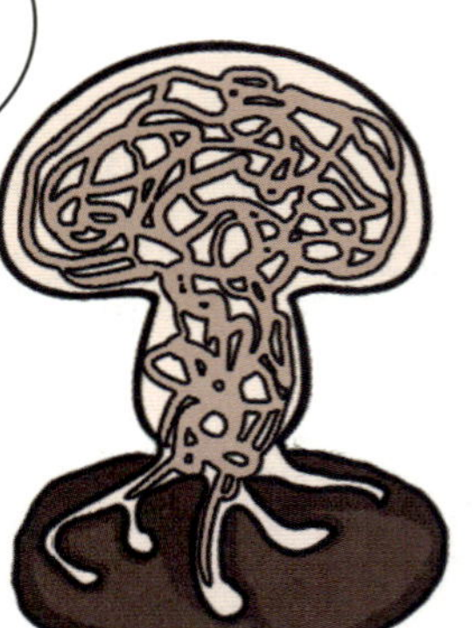

食用菌的组成与功效

在干物质组成上，食用菌的主要成分是蛋白质、低热量的多糖及膳食纤维等，脂肪和淀粉的含量都比较低。

一般食用菌所含的蛋白质约占其干重的30%～45%，且必需氨基酸基本齐全，属于比较优质的蛋白质来源，这对于素食主义者尤为重要。

食用菌的独特组成成分也形成了它独特的滋味。
K

人类的味觉包括酸、苦、咸、甜、鲜，以及最新发现的脂肪味觉。脂肪味觉也被称为“肥”或“厚”。味觉的进化体现了人类对食物的选择偏好。除了酸、苦、咸这三种具有警戒作用的味觉，剩下三种正好对应了人类必需的三种营养素：甜对应碳水化合物，肥对应脂肪，而鲜对应蛋白质（确切地说，是蛋白质降解产生的氨基酸）。

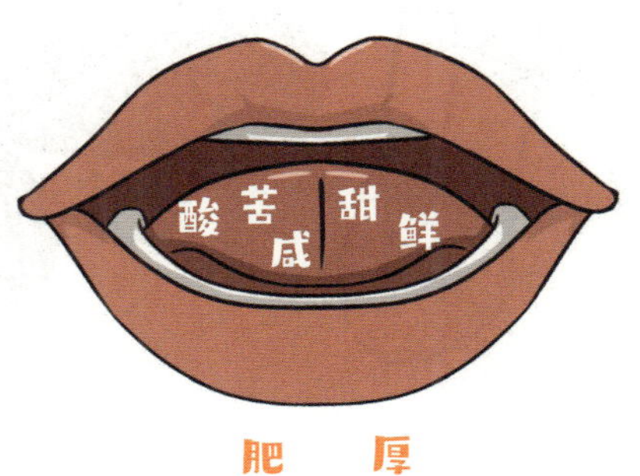

所谓肥甘厚味，就是中医所说的膏粱厚味，一般是指非常油腻、甜腻的精细食物或者味道浓厚的食物。这类食物中脂肪和糖的含量都很高，容易造成肥胖。由食用菌原料所形成的肥味或厚味则不会造成肥胖，这对于减肥人士来说，可谓是满足口腹之欲的优选食材。

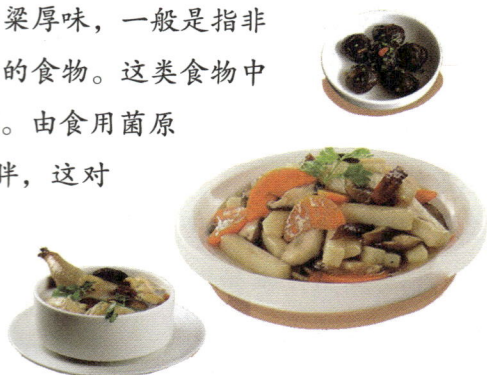

此外，食用菌富含酚类、酮类、萜类和甾体化合物等小分子活性成分。已有研究证明，这些物质具有调节免疫、抗疲劳、降血脂和抑制恶性肿瘤等多种功效。据此，人们用食用菌开发出了许多保健食品和营养补充剂。

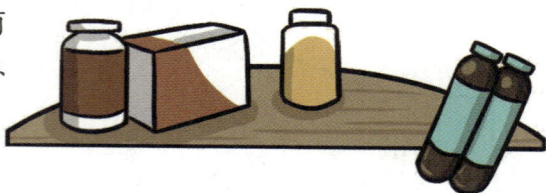

食用菌中的蘑菇是一个大家族，目前全世界已知的蘑菇大约有36 000多种。它们的基本特征是子实体在成熟时很像一把撑开的小伞，由菌盖、菌柄、菌褶等部分组成。

菌菇的毒性

我国已知可食用的蘑菇有1000多种，仅占已知蘑菇中很小的比例，绝大部分是不可食用或无食用价值的，其中就包括400多种毒蘑菇。

可食用的蘑菇和毒蘑菇比较难以区分，民间用银器来识别毒菌的方法往往不可靠、不可信。除了凭经验确认，目前尚未找到快速可靠的方法来鉴别蘑菇是否有毒。

我国自古以来就有采食野生蘑菇的传统，每年发生的误食蘑菇中毒案例超过数百起，涉及20多个省份。

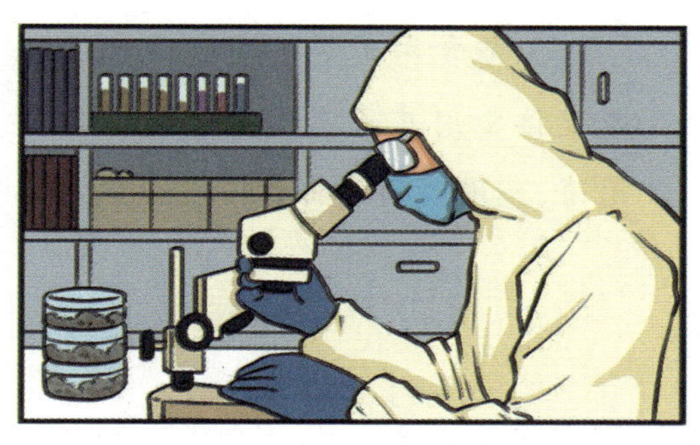

不过，蘑菇的毒性也是相对的，近期就有科学家使用源自毒蘑菇的致幻活性成分裸盖菇素（psilocybin）开发研制治疗重度抑郁症和其他精神疾病的药物。

总之，食用菌就像一个宝藏，等着人们去开发。

1.3 食用菌的几个冷知识

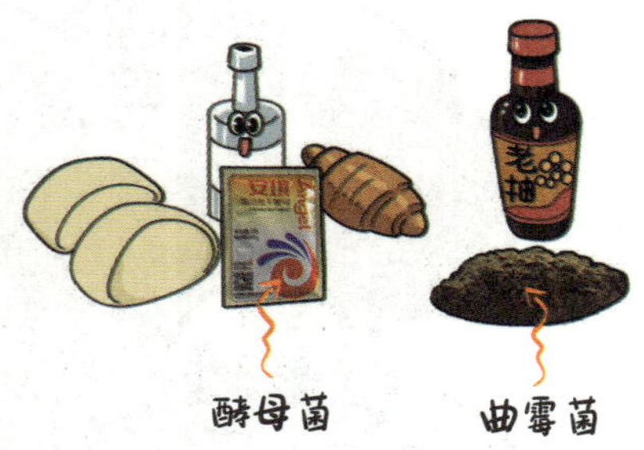

真菌的种类很多，如用来做面包、馒头和酿酒的酵母菌，用来做酱油的霉菌等，但这些真菌都不能称为食用菌。

真菌是通过自生长来改变食物的状态的，然后和被改变的食物一起被人们食用，如馒头，或者人们只食用被改变后的食物，如酒。

但是食用菌就不同了，人们都是直接食用其子实体。子实体是食用菌、药用菌的主要食用、药用部分。

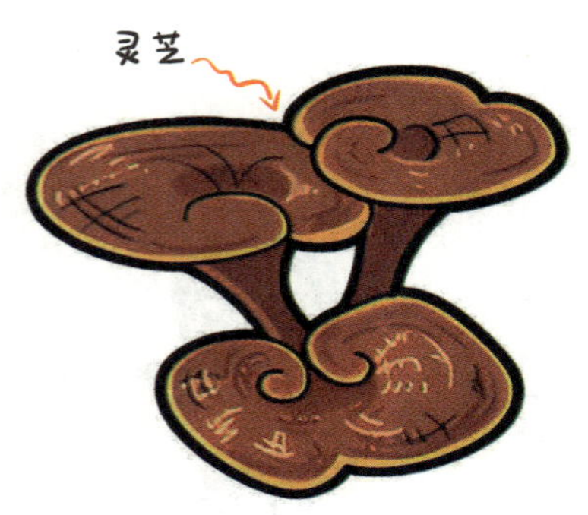

食用菌有很多小名，比如蘑菇，但也有不常叫的名字，比如蕈。绝大多数的食用菌都呈伞状，质地柔软；也有一些食用菌的质地比较硬，比如灵芝；还有一些不是伞状的，质地是胶质的，比如木耳、银耳。

获取能量的方式

由于食用菌不是植物，没有叶绿素，所以不能依靠光合作用来获得能量。

有些食用菌是依靠分解死亡后的植物或者动物来获得能量的。从这点来看，食用菌获得营养和能量的方式是不是更像动物？

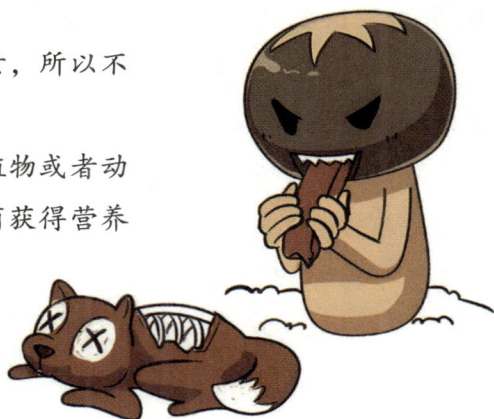

科学家对自然界演化的历史进行分析，发现我们人类和食用菌等大型真菌的亲缘关系，比植物还要近一些。

食用菌到底有多少种呢？

我们中国的大型真菌约有10000种，其中可食用的大型真菌有1000多种。但遗憾的是，很多食用菌由于都是和其他生物共生的，我们无法进行人工栽培。目前能够实现人工栽培的食用菌有200多种。

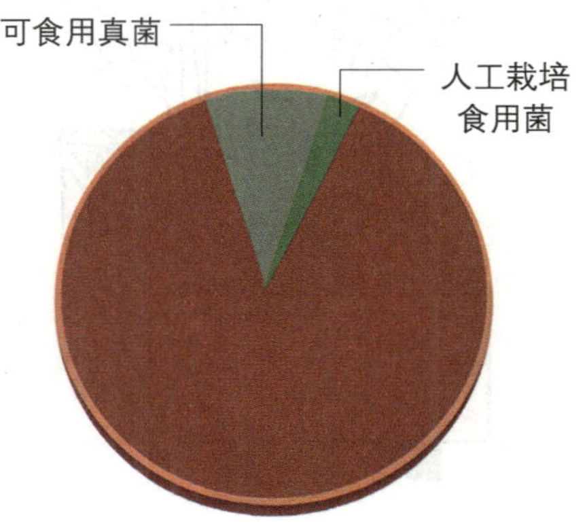

食用菌要长多久?

人工栽培时，食用菌在适宜的环境中生长20～100天就能成熟了!这个阶段通常称为营养生长期。食用菌在这段时期像是闭关修炼，不断降解大分子物质，积蓄能量，积攒原料。

有的食用菌在这个阶段生长得很快，只需要20～30天，如金针菇、银耳、草菇等。也有的食用菌在这个时期生长得比较慢，需要80～100天，如香菇、真姬菇等。

食用菌在自然环境中通常生长在树林或者草地上，当遇到一场大雨后，地面和空气的湿度达到一定的要求，食用菌就会抓住窗口期拼命生长，冒出子实体，散发出孢子，完成一代“蘑菇”的使命。这个窗口期也就1～2周的时间。所以在自然界中，食用菌的子实体出现的时间很短，很难遇见，常常被称为“大自然的精灵”。

好在人们发明了人工栽培食用菌的方法，这样大家就可以一年四季吃到新鲜美味的食用菌了。

1.4 这就是食用菌生长的秘密，你明白了吗？

配制食用菌专用的栽培基质

绝大多数人工栽培的食用菌都是腐生菌。

食用菌栽培基质的主要原材料有木屑、玉米芯、秸秆、棉籽壳等，辅助材料有麸皮、豆粕等。

这些都是农业生产中没有多大用途的废弃物。它们竟然都是生产食用菌的好材料，是不是有一种变废为宝的感觉？

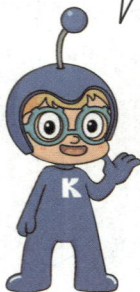

的确，食用菌就是循环农业中的特种部队。

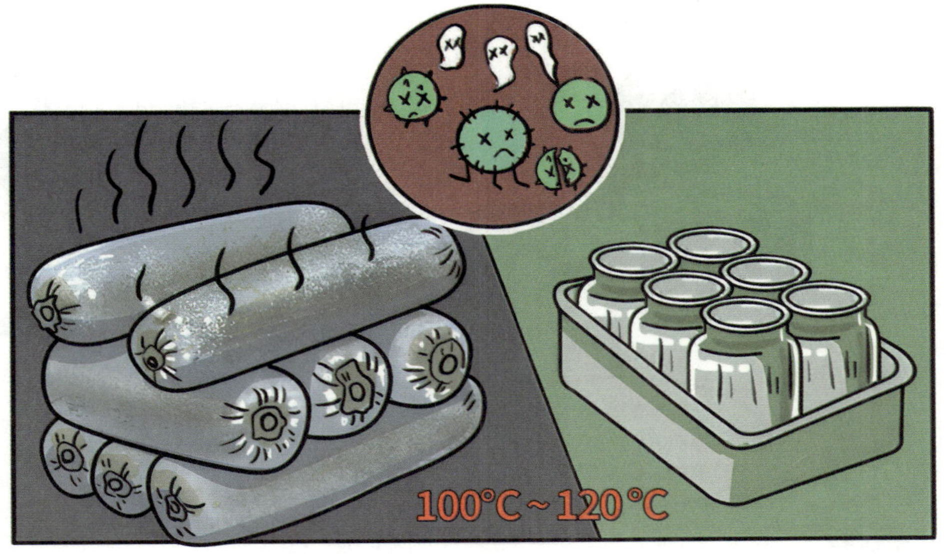

栽培基质准备好后，要装在耐高温的塑料袋或瓶中进行高温灭菌。

这是为了给食用菌的生长提供一个干净的环境。

之后，我们要把称为菌种的东西播撒在栽培基质中，这些菌种相当于植物的种子。接着把带有菌种的栽培基质放在一个温度适宜的环境中，通常是 20℃ ～ 25℃，这种适宜的温度可以让食用菌的菌种在栽培基质中快速生长。

另外，培养的环境需要避光。

降解酶系把大分子物质降解为小分子的单糖、氨基酸等。

在这个过程中食用菌获得了生长所需要的能量和材料。

瞧，食用菌在闭关修炼呢！因为它要通过不断降解栽培基质中的大分子物质，积蓄能量，积攒原料。

为什么不同种类的食用菌需要不同的营养生长期？科学家们目前还不是很清楚，也许未来可以解开这个自然之谜。

食用菌在积蓄了足够的能量和原料后，进入生殖生长期。这个时期如果食用菌受到一定刺激，会比较快地生长，所以在生产中我们常用一些人为的办法刺激食用菌生长。比如用机械外力将表面的老菌种移去，或者施加温差刺激，或者在栽培基质表面覆盖一层松软的土。

食用菌进入生殖生长期后，需要移到比较合适的温度环境中。这个环境除温度适宜外，还需要足够的湿度和一定的散射光，用于模仿食用菌在自然界中的生长环境。

食用菌很快就会长出子实体，如蘑菇的伞状结构部分。

食用菌的子实体生长到最佳状态时，就可以采收了。

及时采收的食用菌，将通过冷链保藏并进入市场流通。这样就可以在生鲜超市、菜市场买到这些“大自然的精灵”了。

再经过精心烹调，
一道好吃不贵的食用菌
佳肴就出现在餐桌上了。

9.99

不管前期的营养生长期有多么不一样，各种食用菌的子实体从长出到长成的时间都差不多，大约 1 ~ 2 周就可以完成。其原因可能是食用菌还保留着从漫长演化的过程中获得的生物习性。

1.5 食用菌有种子吗?

对对对，我也很想知道呢。不过，我还从没见过结种子的蘑菇!

首先要肯定地告诉大家，食用菌是有种子的，只是它的种子跟我们常见的植物的种子有很大差别。

如果食用菌的种子和植物的种子有很大差别，那它们长出来的个体有没有差别呢?

你这个问题我们最后揭晓，结果一定会让你大吃一惊。

我们先来把生产中使用的食用菌种子搞清楚。我们有以下“三问”：食用菌的种子是什么?从哪里来?到哪里去?

食用菌的种子是什么？

食用菌种子
不同于我们常见
的植物种子。

植物的种子一般具有或椭圆、或狭长、或扁平、或多边的特定物理外形和各种各样的颜色，这些外形和颜色常常被作为植物分类的一个重要指标。

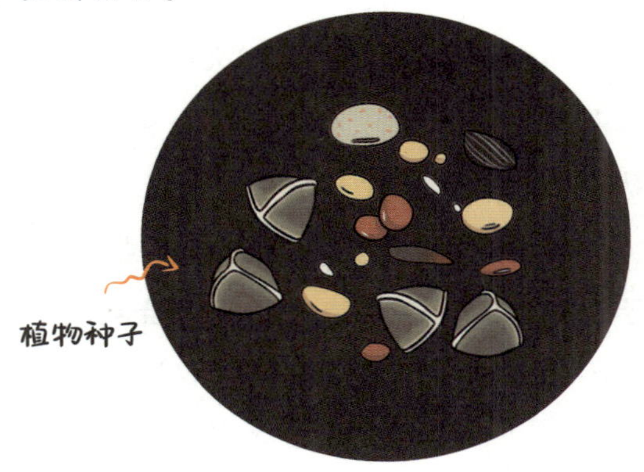

另外植物种子还有特定的生物学结构，如种皮、胚和胚乳等。

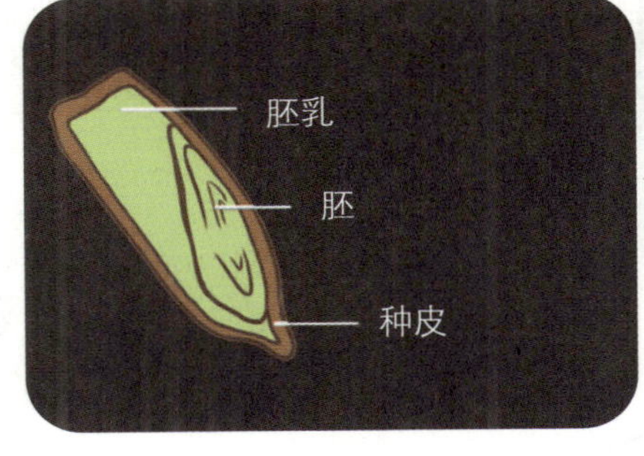

生产中的食用菌种子其实是在液态或者固态的营养基质内生长良好特定菌株的双核菌丝体。

食用菌种子没有特定的物理外形和颜色。我们单从食用菌种子的外观很难区分出它们的不同种类。所以在生产实践活动中，如果不够仔细，就会有用错种子的风险。

食用菌的种子从哪里来？

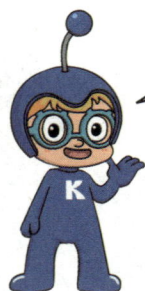

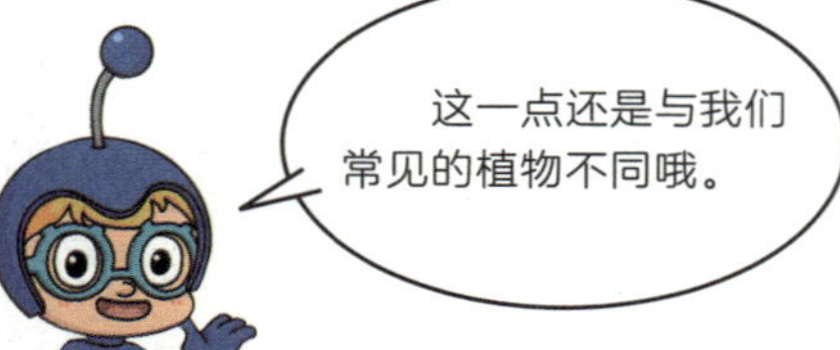

这一点还是与我们常见的植物不同哦。

植物的种子是一颗胚珠中的卵细胞授精了一粒花粉后产生的。无数的花粉和无数的胚珠结合就产生了无数颗种子。

食用菌的子实体成熟后会散发出无数个孢子，一个孢子在适宜的条件下会萌发，成长为一个单身个体，当它遇到“心仪”的另外一个单身个体后，双方就会“组建家庭”，生产出食用菌的种子——双核菌丝体。

单核 + 单核 $\underline{\underline{(婚配)}}$ 双核

杂交获得的双核菌丝体要真正成为生产中的食用菌种子，还要经历育种专家的重重考验。

只有表现良好、性状优良的双核菌丝体，才能够被选中，作为食用菌大规模生产的种子。

为了获得优质的食用菌种子，育种专家常常会将大量不同来源的单核体进行杂交，再从杂交产生的大量双核菌丝体中选择出具有优良性状的作为食用菌种子。这是一个需要投入大量时间、精力和资金的选育过程。

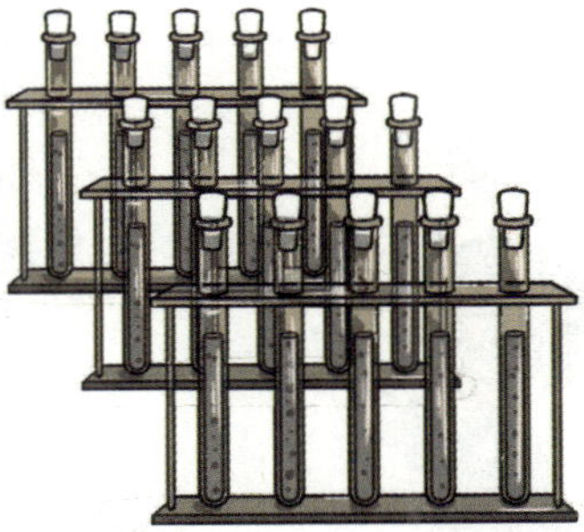

获得优质的食用菌种子是非常不容易的。

那可一定要严格保护它的知识产权哦。

有人认为，食用菌的有性孢子是种子，这是一个错误的认知。

大多数的食用菌有性孢子萌发后生成单核菌丝体，而单核菌丝体是不能形成正常性状的子实体的，因此不能算是食用菌的种子。虽然也有个别食用菌（如双孢蘑菇）的有性孢子能够产生多核或者双核菌丝体，但是由于农艺现状很难达到高标准的要求，因此它们也不能够直接成为种子。

食用菌的种子到哪里去？

食用菌的种子接种到合适的栽培基质（栽培料或发酵料）中，在合适的环境条件下生长发育，就能大量生产食用菌子实体。

在这一点上，食用菌的种子和植物的种子又有何不同呢？

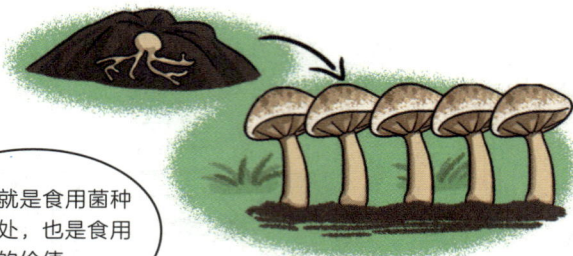

这就是食用菌种子的去处，也是食用菌种子的价值。

食用菌的种子很神奇，像是拥有孙悟空用猴毛变小猴儿的神功一般，可以通过无性繁殖方式不断复制自己，产生大量一模一样的种子。

这种复制几乎是无限的。目前，就连育种专家也不知道这种复制次数的上限是多少。

很多优质的食用菌品种已使用了长达几十年。在这个过程中，双核菌丝体的细胞已经历无数次复制了。

植物的种子是没有分身术的，一颗种子不可能自我复制出一模一样的另外一颗种子，而且一颗种子也只能产生一株植物植株。

相比之下，食用菌种子真的很神奇。

经过这样“三问”后，大家对食用菌种子是不是有了更加清晰的认知呢？

从1890年出版的《格致汇编》中首次引进菌种的概念开始，到20世纪50年代在食用菌生产中大规模使用菌种，我国对食用菌种子的科学认知至少经历了60年的时间。这其中真正完成从理论到实践、再从实践中完善理论的集大成者是上海市农业科学院食用菌研究所的第一任所长——陈梅朋先生。

今天，当我们在享用美味的食用菌时，不应忘记陈梅朋先生的贡献。

陈梅朋先生在20世纪50年代成功研发出适合中国栽培模式的双孢蘑菇、香菇、银耳、木耳、茯苓、白平菇和草菇等食药用菌的纯菌种制作技术，建立起菌种三级培养扩大生产体系并应用于规模化生产。他出版的《蘑菇与草菇》《食用菌栽培》两本专著，为后来我国食用菌产业的高速发展奠定了坚实的基础。

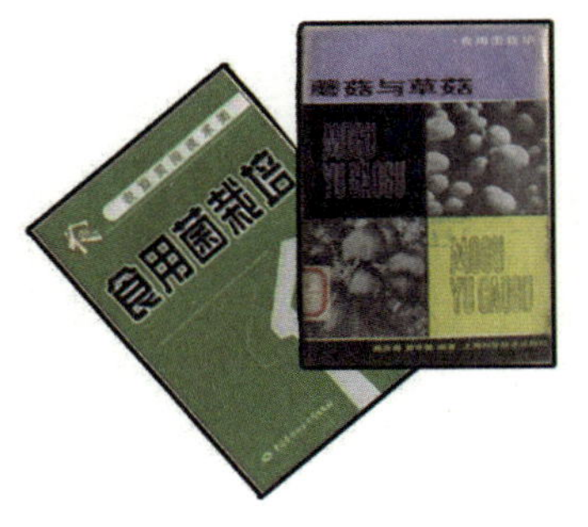

以陈梅朋先生为代表的中国第一代食用菌专家，在过去的岁月里辛苦耕耘，书写了科技创新的辉煌篇章。

第二章

食用菌的家庭成员

2.1 手里的香菇为什么突然不香了？

新上市!

香菇名字的由来

看看我买的刚上市的新鲜香菇，你闻闻，是不是很新鲜？
科有趣超市
肯定是因为它的香味而得名啦。

嗯，很新鲜呐，带着一种特有的蘑菇香味。今天我又有口福了！你知道香菇的名称是怎么来的吗？

对的，香菇确实是因香而得名。得名千年，历久弥香啊。

香菇素
1,2,3,5,6-五硫杂环庚烷

香菇的香味来自它的组成成分——含硫杂环化合物，其中最重要的一种被称为香菇素，其化学名称为1,2,3,5,6-五硫杂环庚烷。香菇素具有挥发性，为香菇特有的香气贡献了最大的份额。

为什么干香菇才香？

香菇素只在鲜香菇干制的过程中才能够大量生产，所以只有干香菇、干香菇、干香菇（重要的事情说三遍）才香。香菇的得名也是因为这个香味。

我们在市场上买到的鲜香菇含有的香菇素非常少，所以闻起来也就没有干香菇那么香了。

中国人栽培香菇的历史已经有近千年了。古代人们采用是一种生产效率很低的砍花法来栽培香菇。这种方法都是在大山深处进行的，所以收获的香菇必须先进行干制，以便长期保存并运输到较远的地方进行销售。

在干制过程中，香菇中的香菇酸在两种主要的酶（γ–谷氨酰转肽酶和半胱氨酸亚砜裂解酶）的催化作用下，经过一系列的化学物质转变，最终生成香菇素，从而形成香菇的香味。

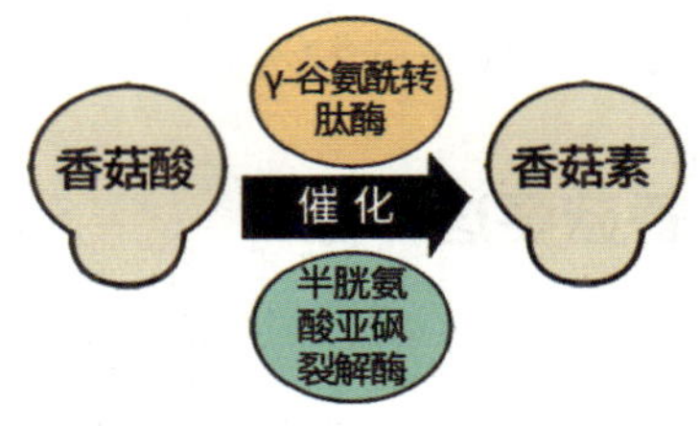

干制的方法和温度对于香菇的香味浓郁程度影响很大，在干制后期适当提高温度会有助于生成更多的香菇素。

鲜香菇也有香味

20世纪八九十年代，随着香菇栽培技术的成熟和推广，越来越多的地方开始栽培香菇，越来越多的鲜香菇被生产出来；同时，便捷的交通也方便了产品的运输，于是人们终于有机会吃到新鲜的香菇了。

由于缺少干制的过程，鲜香菇中的香菇酸不能够转变成香菇素，我们在吃鲜香菇的时候就无法感受到干香菇那种特有的香气了。

鲜香菇虽然没有浓郁的香菇素的香气，但是会散发一种特有的蘑菇香味。

这种香味是由八碳化合物形成的，其中最重要的一种成分称为蘑菇醇，化学名称为1-辛烯-3-醇。

八碳化合物的化学性质不稳定，在干制过程中会大量损失，所以干香菇中蘑菇醇等八碳化合物含量很少，也就没有鲜香菇特有的蘑菇味了。

其实两种香味都挺好的，各有各的特色。以后我也会买一些干香菇来做菜。

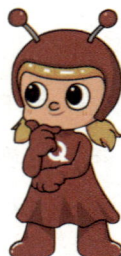

干香菇要这样做

用干香菇做菜，要先用温水（40℃）浸泡40分钟，这样香菇的香味会更浓。

2.2 山珍花菇究竟是什么？

什么是花菇？

看我刚买的
这个菇是不是太
老了，都裂纹了！

哦，这个是
花菇，它可是香
菇中的极品呢！

花菇是一种特殊的香菇产品。在真菌分类学中，香菇隶属伞菌纲、伞菌目、光茸菌科、香菇属。香菇按季节可分为秋菇、冬菇、春菇；按外形可分为花菇、厚菇、薄菇和菇丁。

花菇是香菇中品质最好的一种，它的菌盖表面在生长过程中会自然形成网状、菊花状或荔枝状的龟裂花纹，因此得名“花菇”。

厚菇多产于冬季低温季节，朵形完整，菇质厚实，香味浓，品质仅次于花菇。

薄菇多是春季所产，其肉薄，香味淡，品质略差。

菇丁就是没有充分发育的香菇，虽然个体小，但嫩滑清香。

野生香菇主要分布在东亚，北至日本，南到塔斯马尼亚岛，东至新西兰，西到喜马拉雅地区的不丹、尼泊尔和印度。中国野生香菇的分布地区大致包括广东、广西、福建、海南、台湾、浙江、湖南、湖北、安徽、江西、江苏、四川、云南、贵州、甘肃、陕西以及香港等。

目前香菇已经成为我国产量最高、分布最广、消费量最大的栽培菇类，在我国东西南北各地都有出产。2022 年我国香菇的产量达到 1295 万吨，约占全国食用菌总量的 30%（此为中国食用菌协会统计数据）。全球香菇产量的 90% 由中国贡献，因此香菇也被赋予“国菇”的称号。

为什么说花菇是香菇中的极品？

不是跟我讲花菇么，你怎么一直都在说香菇呀?

好吧，你继续。

花菇是香菇中的极品，讲花菇就要先讲清楚香菇。

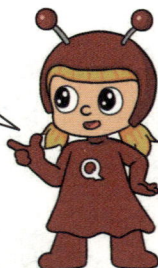

香菇素有“山珍”“菇中之王”的美称。鲜香菇清香嫩滑，干香菇香气袭人。同时香菇还含有大量对人体有益的成分，具有很高的营养价值和药用价值。

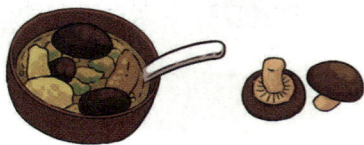

花菇更是香菇中的极品，几百年来一直被国人奉为“珍馐”。

相传明朝年间，因久旱无雨，皇帝朱元璋为祈雨需要食素。国师刘伯温献上了花菇，朱元璋品尝后赞不绝口，下旨定为“贡品”。所以民间就有了“国师献山珍，香菇成圣品。皇帝开金口，谕封龙庆景”之说。

中医认为，香菇味甘性平，具有益胃气之功效。《本经逢原》说香菇“大益胃气”；《日用本草》称香菇“益气，不饥，治风破血”。

《中国食物成分表（第三版）》提到，香菇含蛋白质、脂肪、维生素和矿物质等多种营养成分，每100克香菇约含营养成分如下所示：

蛋白质 20 克	脂肪 1.2 克
碳水化合物 61.7 克	多糖 6 克
钙 83 毫克	磷 258 毫克
钾 464 毫克	铁 10.5 毫克
维生素 B 21.95 毫克	维生素 C 5 毫克

现代医学研究表明，香菇中还含有30多种酶和18种氨基酸，人体必需的8种氨基酸中香菇就含有7种，因此香菇又成为治疗人体酶缺乏症和补充氨基酸的首选食物。

香菇还含有一般蔬菜都缺乏的维生素D原（麦角固醇）。维生素D原同太阳光中的紫外线接触后变成维生素D，可以增加人体对钙的吸收，防治佝偻病。

香菇中所含的腺嘌呤、胆碱、酪氨酸、氧化酶以及核酸物质，既能起到降血压、降胆固醇、降血脂的作用，又可预防动脉硬化、肝硬化等疾病。

香菇还可以增强人体抗癌、防癌能力，延缓衰老。香菇中的多种维生素、矿物质，对促进人体新陈代谢、提高机体适应力有很大作用，对糖尿病、肺结核、传染性肝炎、神经炎等可以起到辅助治疗作用，又可用于消化不良、便秘、减肥等。

身为香菇极品的花菇，除了具备一般香菇的高蛋白、低脂肪、多维生素、多矿物质的特点，很多营养成分的含量都高于普通香菇，比如花菇的多糖含量就要比普通香菇高两倍。

可见，花菇是难得的健康食材！

花菇是怎么生产出来的？

香菇的人工栽培起源于中国浙江龙泉、庆元、景宁一带的菇民区。相传南宋时期，这里的人们就用砍花法栽培香菇。

每年的秋季，菇民将可以生产香菇的树木砍倒堆置，第二年春天用斧子在倒伏的原木上砍出不同深度和斜度的疤痕，这些疤痕称为花口和水路。

自然界中的香菇孢子飘散到砍花处，菌丝在原木上繁殖蔓延，最后长出香菇。

发明砍花法的吴三公被后人敬为香菇始祖。至今在庆元县还保留着纪念吴三公的香菇神庙——西洋殿。

不过这种原始的栽培方法比较落后，使得香菇的产量完全取决于自然界中野生香菇孢子的浓度和活力以及当年的气候环境。

物以稀为贵，那时的香菇仍然是“山珍”。

随着科学的发展，1928 年日本学者首先将香菇纯菌种接种到椴木上，成功生产出香菇。这项技术随着中日往来传入我国，并得到了推广和普及。椴木栽培法使自然状态下的“砍花法”栽培发展成为半人工、半自然栽培，实现了香菇栽培的第一次飞跃。不过由于这项技术需要消耗大量林木资源，香菇生产仍然受限于山区。直到 1960 年，上海市农科院食用菌所第一任所长陈梅朋发明了木屑栽培香菇技术，使得香菇栽培实现了第二次飞跃。木屑栽培香菇技术是一种利用农业下脚料——木屑和麦麸生产香菇的方式。这种代料栽培香菇方式已经成为香菇最主要的生产方式。

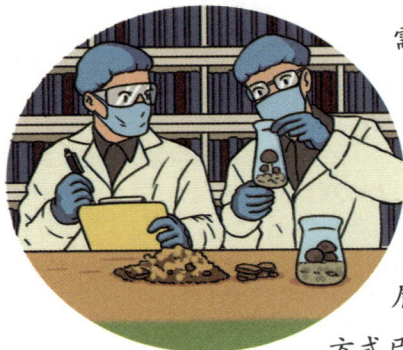

人工栽培后，花菇的产量是不是大大提升了？

早期花菇的自然产量很低，必须具备特定的湿度、风力、光照和温度，因此花菇更显得弥足珍贵。后来人工培育花菇技术突破后，花菇的产量逐年增加，最终进入寻常百姓家。

花菇的形成是香菇子实体在生长过程中与外界环境条件相配合的结果。在生产过程中通过控制温度、湿度、光照和通风等自然条件，可以人为干预改变香菇的正常生长发育。具体做法是：使菌盖内湿外干，发生崩裂，形成褐白相间、不同形态的花纹；同时要保持环境湿度低于70%，避免白色裂纹处再生出褐色菌皮。经过一段时间的“保花”，一颗花菇就诞生了。

一颗好的花菇不单是菌盖有裂纹，还需要满足个头均匀，菇根短，干净整齐，色泽好，裂纹处白色鲜亮、无暗沉色，水分少，干燥轻盈等要求。花菇产品一般可以粗分为茶花、白花和天白花。

茶花菌盖呈现暗花，裂纹为褐红色。

白花菌盖裂纹明显，白色花纹覆盖菌盖50%左右。

天白花是特级花菇，裂纹白色，菌肉几乎全露出。

我国有三大花菇产地，分别是浙江省庆元县、河南省泌阳县、湖北省随州市。

浙江省花菇的主要产地是丽水地区，其中庆元龙泉县出产的花菇主要以烘干的为主，而丽水、遂昌、磐安等地出产的花菇主要以鲜品销售。浙江出产的花菇以“庆元花菇”最具有代表性，是浙江省丽水市特产、中华人民共和国地理标志保护产品。

河南省是我国花菇生产大省，产地主要分布在南阳市西峡县、南召县、内乡县，以及三门峡市卢氏县、驻马店市泌阳县等地。这些地方属于热带向暖温带过渡区，四季分明，降雨量大，光照充足，非常适合花菇生长。其中泌阳县盛产天白花菇。“泌阳花菇”也是中华人民共和国地理标志保护产品。

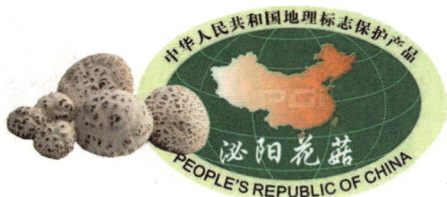

湖北省是我国主要花菇产地，其中以随州的花菇产量和品质最好。随州地处长江流域和淮河流域交汇处，属于亚热带季风气候。当地四季分明，拥有很长的无霜期，因此所产的花菇品质也非常好，口感香醇，这也使得随州被称为“中国香菇之乡”和”花菇之乡”。

花菇怎么烧才好吃?

我国食用花菇历史悠久。千百年来，国人对花菇的热情一直高于其他菇类。

随着香菇生产技术的突破，20 世纪 90 年代之后人们慢慢开始了鲜菇的消费。

在食用过程中，人们总结了很多吃法。花菇既可以是主料，也可以是辅料，以炒、烧、炖及制汤为佳。

在家常菜中，香菇可用于烹制香菇菜心、油焖香菇、炒双冬、山药烩香菇、香菇炖猪排骨、香菇鸡汤等。此外，香菇馅的包子、饺子也很美味。

浓郁的花菇在地方名菜中也占有一席之地。安徽菜中的“花菇石鸡”，酥嫩香鲜，润舌爽口，回味悠长；福建菜中的“花菇玉兰片”菇笋相映，香味诱人。湖南菜中的“花菇无黄蛋”，以蛋清、花菇为主料烹制而成，具有黄、白、绿三色相映，蛋质鲜嫩，清爽淡雅之特点。更有佛跳墙、八宝鸭等名菜中都有花菇独特的风味。

源远流长的中华饮食文化赋予了花菇丰富的生命力，更多的花菇美味还有待大家去开发。

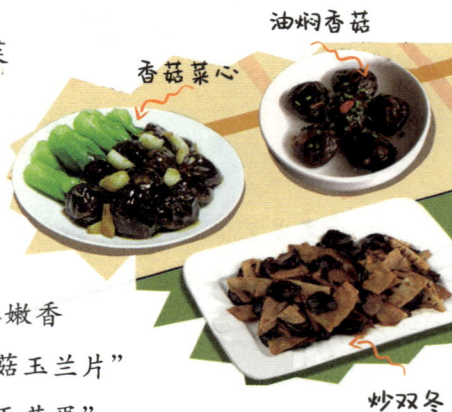

2.3 餐饮界的新宠儿——活体香菇

作为国民菌菇，香菇的地位在我国可谓“无菇能敌”，“山珍”的美名名副其实。“味道鲜美，香气沁人，营养丰富”就是香菇的铭牌。

那么活体香菇又是什么新鲜事物呢？如果你在饭店就餐，会发现“活体香菇”这道菜品越来越多地出现在菜单中。尤其在中高档火锅店，活体香菇已经是常见的食材了。

以往的菌菇单品和菌菇拼盘是把各式菌菇洗切干净摆放在盘子上，而活体香菇是直接将一段长有一朵朵鲜活香菇的原木摆上餐桌。

食客们小心翼翼地剪下几个香菇，放进锅中煮上几分钟，然后一口一个地吃下去，顿时满口鲜香，任谁也忍不住赞叹一句：“好鲜的香菇啊！”

早期香菇大都以干品为主，一直到20世纪90年代，随着香菇代料栽培技术的突破以及物流的发展，鲜香菇才慢慢流行起来。不过新鲜菌菇的保鲜一直是个大问题。“活体香菇”能够受到美食爱好者的追捧，“新鲜”二字是关键。

“即摘即食”的活体香菇，满足了人们对于鲜活和健康食材的需求。那么它又是怎么生产出来的呢？

“活体香菇”是在仿自然气候条件下采用工厂化品种种植出来的有机产品。

活体香菇品种独特，需要使用工厂化专用品种种植。“沪香 F2”是由上海市农业科学院食用菌研究所培育的国内第一个香菇工厂化品种。其朵型厚实圆整，菌肉硬实，生长周期为 80 天，抗杂菌和病害能力强，在 2℃～3℃温差刺激下即可出菇。

位于上海青浦的彭世菇业公司通过引进该品种及配套栽培技术，创新了活体香菇的栽培工艺，实现了全年稳定供应。这个品种长出的鲜菇形态优美，口感有嚼劲，满足了活体菌菇的商品要求，一经推出便受到市场欢迎，创造了可观的经济效益。

2.4 白色的金针菇为什么姓“金”？

金针菇通体洁白如玉，为什么不姓“银”，叫银针菇，而是姓“金”，叫金针菇呢？

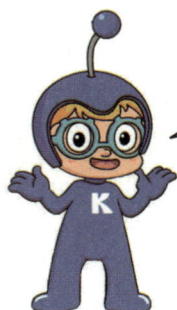

这就要从金针菇的身世说起了。

在所有食用菌中，金针菇是栽培品种和野生品种差别最大的种类，没有之一。野生的香菇与栽培的香菇，野生的黑木耳与栽培的黑木耳，野生的灵芝与栽培的灵芝，它们都非常相像，而野生的金针菇和栽培的金针菇……很不像！

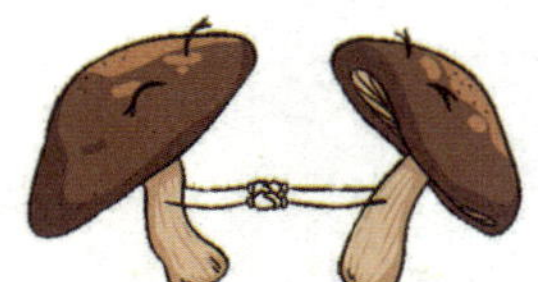

野生的香菇　栽培的香菇

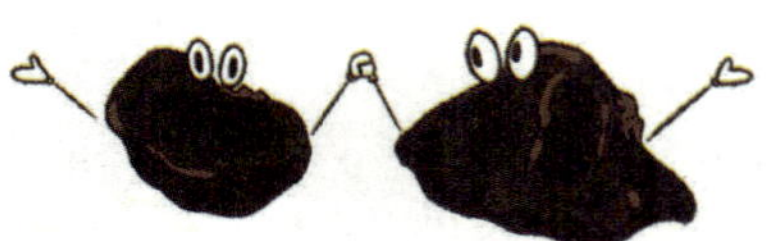

野生的黑木耳　栽培的黑木耳

野生的灵芝　栽培的灵芝

野生的金针菇

栽培的金针菇

野生的金针菇又矮又胖，有着橙色或红棕色的大脑袋，呈橡胶状，有点黏滑，还有着深褐色的小短腿，毛茸茸的。相比之下，我们日常食用的白色金针菇俨然一个“白富美”——精致的小脑袋俏皮可爱，浑身洁白，身材纤细。

它们之间的差
别就像是乒乓球拍
VS 高尔夫球杆。

之所以有这么大的差异，是因为金针菇对环境条件变化比较敏感。光线少的话，其子实体颜色会变浅，而环境中 CO_2 浓度要是高了，其菌柄会变得细长，菌盖会变得细小。

金针菇特别鲜美，人类可能很早就开始了栽培金针菇的尝试。据说中国唐代就有把“构木”埋于地下，不时浇水保持湿润，很快就能够长出菇的记载。后人考证认为这可能就是金针菇栽培的方法。

可惜的是采用这种方法
没有人能够重复培植出菇，
也无法用于规模化生产。

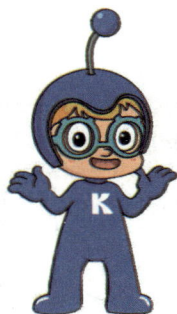

现在，金针菇很容易在人工设置的条件下生长出菇，甚至可以在采用液体培养基的水培方式下生长出子实体。用现代方法规模化栽培金针菇的技术发源于日本。1928 年，长野县的一位初中生物教师为了教学，发明了用瓶子栽培金针菇的方法。到 1965 年，商业化生产金针菇的瓶栽工艺就完全成熟了，这就是目前广泛使用的金针菇工厂化瓶栽生产方式。

早年栽培的金针菇菌种都是从野外分离的，浑身金黄，是名副其实的金针菇。

由于消费者喜欢浅色的金针菇，于是企业常常在避光条件下开展生产，使金针菇的颜色变淡。

到 1988 年，这种情况得到了根本的改变，在日本的鸟取县有一所高校叫鸟取大学。

哇，那不就是名侦探柯南的故乡吗？

这年的秋天，鸟取大学的北本丰教授进行的一次金针菇品种杂交试验，收获了一个惊人的结果——通体洁白的金针菇菌株横空出世！这个菌株被命名为 M-50。随后这个品种被迅速运用于金针菇工厂化生产，极大地促进了金针菇市场的繁荣。

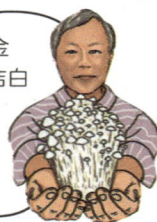

目前所有的白色金针菇品种可能都有 M-50 的血统，北本丰教授也被誉为“白色金针菇之父”。

白色金……针菇？有点怪怪的名字！

是的，金针菇的名字使用很久了，大家都习惯了，而且金针菇也是中文学名，不能够随便更改。虽然选育出了白色的品种，但并没有给它改名叫银针菇，而是在名字前面加上了一个修饰词，称为白色金针菇。这就是白色金针菇的由来。

现在商业化栽培的金针菇分为白色金针菇和黄色金针菇两大类。由于白色金针菇更受消费者喜爱，占有的市场份额越来越大，成为主要栽培品种。我国是世界金针菇生产大国，产量全球第一，每天有超过8千吨的金针菇被生产出来，其中大多数都是白色金针菇。

目前，我国适合工厂化栽培的白色金针菇品种还是来自国外，这成为中国食用菌种业的一个“卡脖子”痛点。

中国科研人员还要不断努力哟！

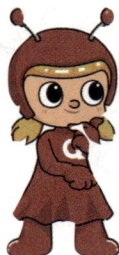

白色金针菇虽然颜值高，但是黄色金针菇味道更加鲜美，也容易消化，不会有“明天见”的尴尬。

如果在市场上遇见黄色金针菇，一定不要错过，建议你品尝一下。

目前还有一种全身咖啡色的棕褐色金针菇品种，是金针菇中的上等品，产量更少。如果你有幸看到，一定要买点，跟亲戚朋友们一起尝一尝！

2.5 网红鹿茸菇的前世今生

新晋网红—— 鹿茸菇

大家好，我是鹿茸菇！
请问你能成为新晋网红菇的原因是什么呢？
我想主要是因为我营养价值丰富，味道鲜美，即使长时间煮制烹饪，也能保持脆性十足的口感吧！

鹿茸菇的由来

鹿茸菇学名叫荷叶离褶伞，又名荷叶菇、荷叶蘑，在欧洲被称为 Fried chicken mushroom。

我国的鹿茸菇野生资源分布在辽宁、吉林、黑龙江、青海、四川、贵州、云南、新疆、甘肃等地。

鹿茸菇子实体形状呈扁半球形，颜色呈灰白色或灰黄色，边缘平滑，初期内卷，后期伸展呈不规则波状瓣裂状。菌肉为白色，中部厚，菌褶白色，菌柄近柱形或扁形。

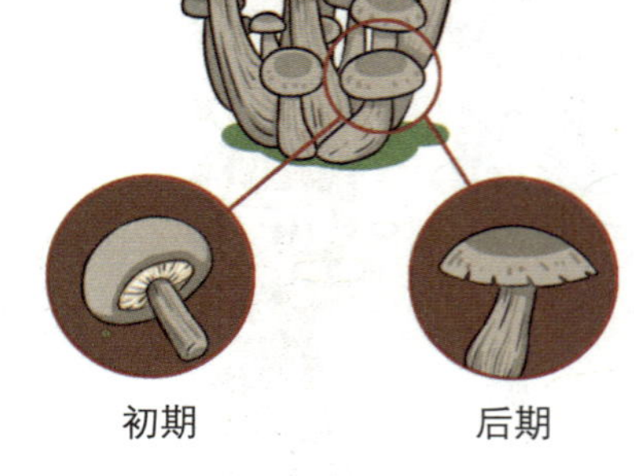

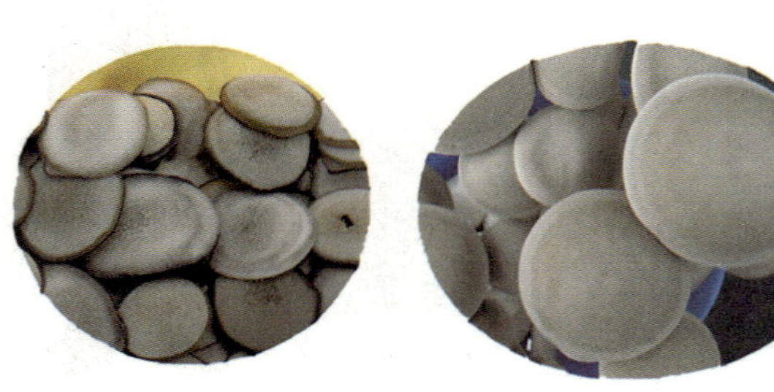

野生鹿茸菇还有个极形象的俗称：一窝菌。即野外的一窝菌！

鹿茸菇的药用价值

鹿茸菇蛋白质含量高，还含有多种氨基酸和 B1、B2、C 族等维生素，具有很高的营养价值以及特殊的药用效果。其性味甘平，具滋补功能，可增强人体免疫力，并能延缓衰老。

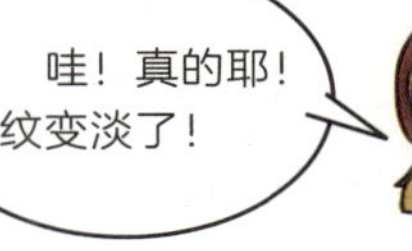

鹿茸菇具有抗肿瘤的效果

之所以给大家推荐鹿茸菇，是因为它具有非常好的药用价值。

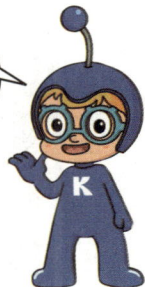

从鹿茸菇子实体水提取物中分离出 11 种多糖。通过离子交换色谱和凝胶渗透色谱分析，发现主要由葡萄糖组成的三种多糖（IV-1、IV-2 和 IV-3）对肉瘤 180 具有显著的抗肿瘤活性。在日本科学家发表的《鹿茸菇癌症临床治验报告》一文中，列举了鹿茸菇对人类多种癌症的临床治疗报告，有 20 例不同年龄不同种类癌症患者食用鹿茸菇后病症均出现一定程度的好转。

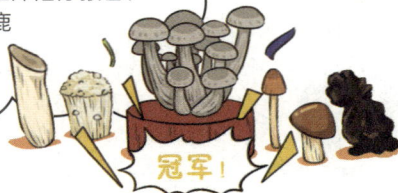

冠军！

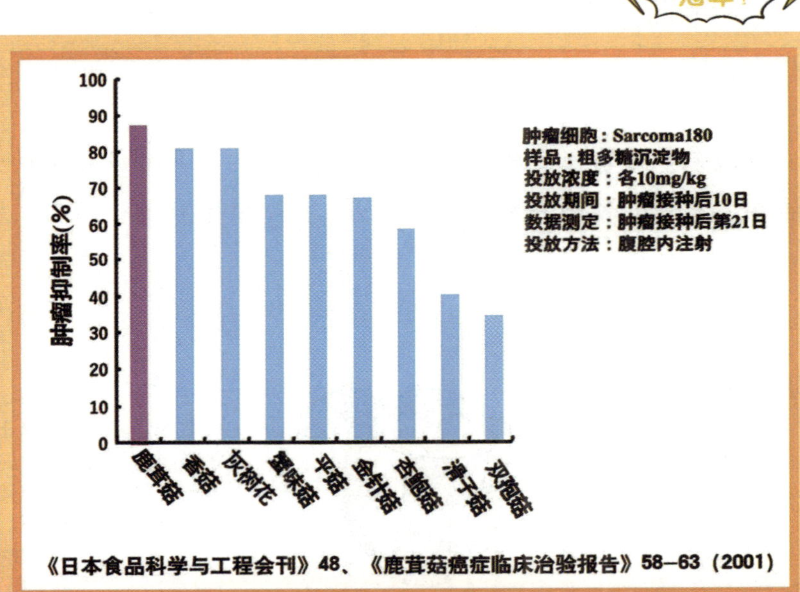

《日本食品科学与工程会刊》48、《鹿茸菇癌症临床治验报告》58–63（2001）

除此之外，鹿茸菇还具有降血压的作用，其通过抑制血管紧张素转化酶 ACE 活性进而有效预防与改善高血压。

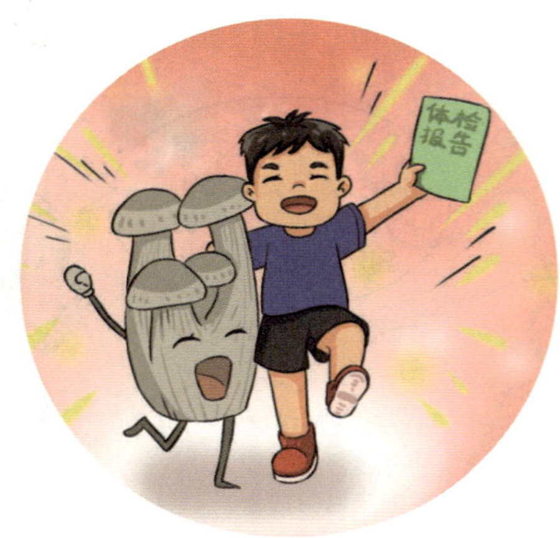

鹿茸菇具有降低胆固醇的作用，不管是鹿茸菇水提取物还是其子实体，都有很好的降低胆固醇的效果。

K
鹿茸菇对 2 型糖尿病也有疗效，鹿茸菇可缓解“胰岛素抵抗性”，增加人体对糖的吸收，从而稳定血液中葡萄糖的浓度。

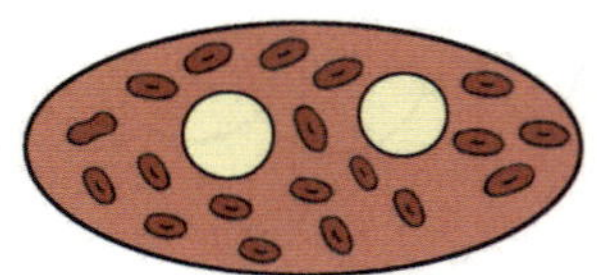

鹿茸菇对过敏原亦有抵抗作用。鹿茸菇含有一些特异性成分能减少身体对过敏原的敏感度，从而提升人体抗敏能力。比如有皮肤炎症的人，在服用鹿茸菇后能缓解不适症状。

鹿茸菇的食用

作为“网红菇”，鹿茸菇备受餐饮业的青睐。

我味道鲜香，含有丰富的致密型膳食纤维，即使长时间烹饪也不会改变我脆性十足的食用口感。

鹿茸菇基本以干品形式销售，非常适宜于湘菜的烹饪方式，其市场发展起源于湖南的高桥市场，目前已走向全国。当然，鹿茸菇也适用于其他烹饪方式，比如烧、炒、煮汤、烩、扒、炖、熘、蒸、拌。

由于鲜品鹿茸菇上市时间非常短，目前市面上销售的多为干品。

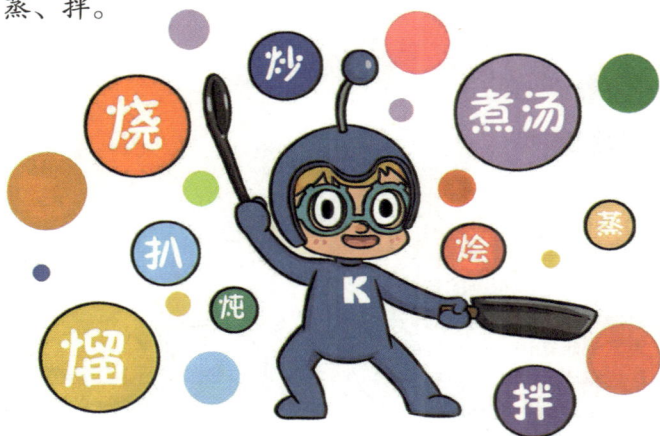

鹿茸菇的烹饪方法

鹿茸菇咸肉汤

步骤如下：

（1）准备鹿茸菇干品 60g，咸肉 60g。

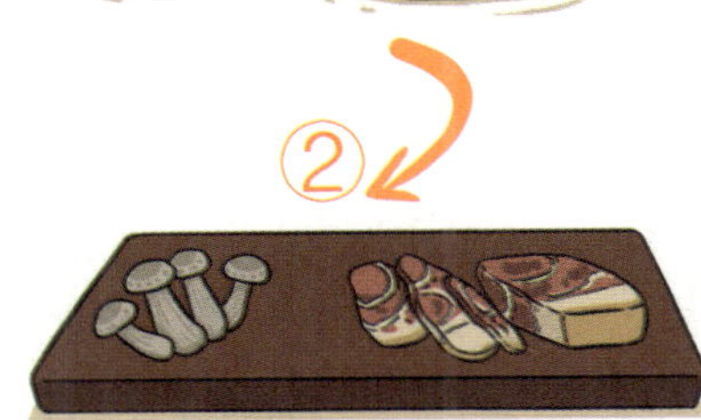

（2）用 40℃的温水将鹿茸菇干泡 20 分钟，后将水拧干备用；将咸肉洗净，改刀切片。

（3）锅中倒入适量油，烧热后放入姜葱爆香，依次加入泡好的鹿茸菇、咸肉进行翻炒。

（4）待食材八分熟后，倒入适量高汤煮至沸腾，再放入适量食盐调味即可。

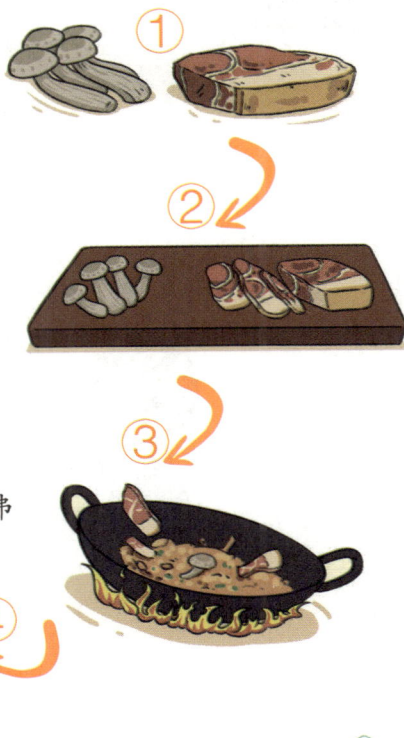

鹿茸菇是食药用菌，口感美味，更有益于我们的身体健康，相信你尝试过后，一定也会成为它的粉丝哦！

鹿茸菇的人工栽培

了解了鹿茸菇的营养价值和特殊药用效果后，大家都想知道，这么好的珍稀食药用菌，有没有进行人工培植？能不能保障市场需求呢？

必须进行人工培植呀！随着市场需求的增加，鹿茸菇在很多地区都进行了人工种植，比如江苏、云南、福建、广东等。让我们来了解一下鹿茸菇的栽培历史和栽培流程吧！

据不完全统计，截至2020年底，国内鹿茸菇工厂化鲜品产量超过500吨/天。

鹿茸菇栽培主要选用杉木屑、玉米芯、贝化石、甘蔗渣、玉米粉、棉籽壳、米糠、麸皮、大豆皮等作为培植材料。

鹿茸菇的栽培模式主要分为瓶栽和袋栽。随着近两年栽培技术和设施设备的提升与改进，其中袋栽比例超过 80%。

相比于金针菇、杏鲍菇，鹿茸菇的工厂化栽培难度较高。因为鹿茸菇的菌丝发菌较慢、成活较迟，易发生有害菌污染，培养基一旦被有害菌污染，对出菇就会产生很大影响，比如被木霉菌污染，就会导致不出芽。

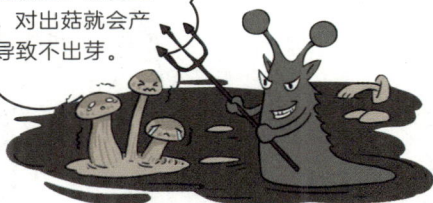

鹿茸菇的未来发展方向

鹿茸菇自 2013 年实现工厂化栽培以来，经过七八年的市场培育，逐渐被广大消费者所接受，其独特的口感与浓郁的香味有替代茶树菇的势头。工厂化栽培的优势之一是无重金属和农药残留，这使得鹿茸菇的销量和产量也随之大增。

鹿茸菇在临床上表现出的多种药用价值也使其成为了新的药用菌研究领域，鹿茸菇中的活性成分也成为科研人员的研究与开发对象。

2.6 双孢蘑菇——世界的蘑菇

我是谁

说起我的大名——双孢蘑菇，你可能有点摸不着头脑，但是如果告诉你我叫“白蘑菇”“洋蘑菇”，你是不是觉得很亲切呀？我是世界上栽培最广泛的食用菌品种，有“世界菇”的美誉。在西方国家的餐桌上，我是最普遍的一道美食，在中国我也是深受大家喜爱的蔬菜品种之一。

人见人爱，东西方皆宜。

我有“三高”

你们看我像不像一块肉？
像！

我除了白白胖胖，还有“三高”！别担心，此“三高”非彼“三高”！

蛋白质含量高：我的蛋白质含量接近40%（干重），有“植物肉”之称，并且氨基酸组成全面，含有人体所必需的8种氨基酸，特别是赖氨酸。我是优质的真菌蛋白来源。

维生素含量高：含有多种维生素，如维生素B、维生素C、维生素D、烟酸等。

我富含多种维生素。
我含维生素C。

生物活性物质含量高：我体内的多糖和不饱和脂肪酸有抗肿瘤、抗氧化、提高机体免疫力、降低血糖和胆固醇以及镇痛消炎等作用。

我能“变废为宝”

我生长在秸秆和畜禽粪便发酵制成的培养基质上，这些农业废弃物不但是我的美食，它们经过我的分解，还会成为水稻、蔬菜、果树、花卉等植物的有机肥。

收废品啦，变废为宝！
收废品

2.7 大球盖菇——爱吃秸秆的蘑菇

大球盖菇，商品名包括赤松茸、红松茸、彩云菇等，是食用菌品种之一。

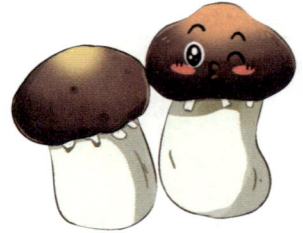

大球盖菇可以利用各类作物秸秆进行栽培，且效率非常高。以上海地区最主要的粮食作物水稻为例，栽培1亩大球盖菇可以降解20亩水稻产生的秸秆。

秸秆焚烧会造成严重的环境污染，而大球盖菇只需要浇水并播撒大球盖菇菌种，就可以将废弃的秸秆转化为美味的食用菌，是不是很神奇？

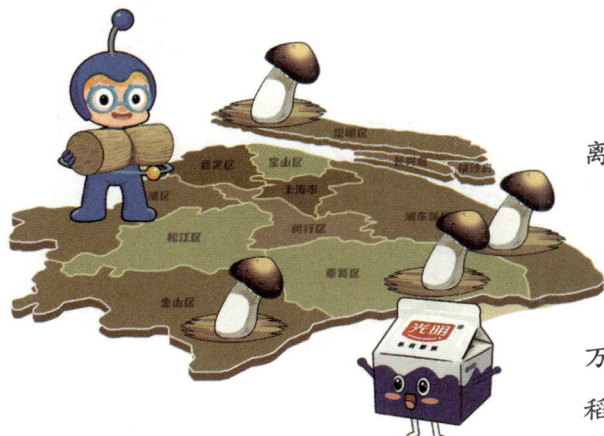

大球盖菇现已成为上海稻秸秆离田利用的主力军，在上海市浦东新区、金山区、崇明区、奉贤区的多家农场进行了种植，面积达 3700 多亩，直接利用了 5.55 万吨稻秸秆，占上海市离田利用水稻秸秆总量的 40.56%。

还有来自我们公司的秸秆。

难以降解的作物秸秆通过大球盖菇分解利用后转化为“稻草泥”。降解后的菌渣也是宝贝哦，它富含有机质和活性成分，能够改良土壤，促进作物茁壮成长，从而形成真正的循环农业体系。

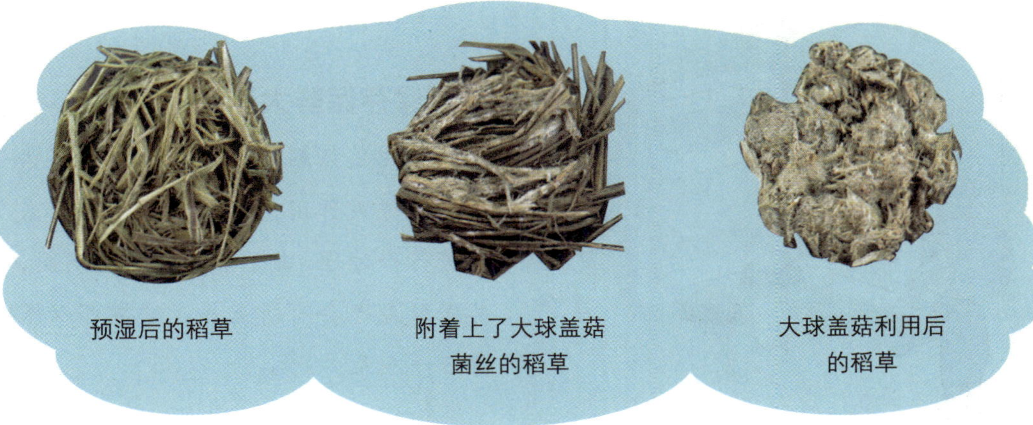

预湿后的稻草　　附着上了大球盖菇菌丝的稻草　　大球盖菇利用后的稻草

大球盖菇的食用方法

大球盖菇虽然没有松茸浓郁的香气，但其外形和口感与松茸相似，特别是在15℃～18℃环境条件下生长的幼嫩大球盖菇，质地紧实、味道鲜美。无论是切片后炭烤、黄油煎制，还是简单清炒，都非常美味。

如何保存保鲜大球盖菇？

大球盖菇鲜菇在采收后活性仍然很高，呼吸作用也很强，只是采后需要进行冷处理。由于鲜菇含水量不同，其保鲜期也会有所差异，通常可以保存3～5天。

2.8 你对灵芝了解多少？

关于灵芝的那些传说

灵芝是一种珍贵的药用菌，作为中药珍品，在我国有着悠久的应用历史。

早在 4000 多年前的良渚文化时期,就已经有灵芝了。

到了汉代，灵芝一词出现在更多的文学作品中。

在传统文化中，与“灵芝”相关的神话和传说比比皆是，例如：神农采芝、麻姑献寿、嫦娥奔月、徐福东渡、白蛇盗草、甘泉祥瑞等。

对对对，祥云、如意等传统吉祥物中也融入了灵芝元素。进入现代社会后，古老的灵芝不仅没有被遗忘，反而因其卓越的养生功效而受到越来越多人的认可 。

不过关于灵芝，我们有很多认识上的误区。

灵芝不是草

灵芝在古代常常被称为瑞草、仙草、芝草、还阳草，它们都带有一个“草”字，古人认为灵芝是草的一种。

李时珍的《本草纲目》中将灵芝归类于“菜部”，这一分类并不准确。

灵芝属于大型真菌。按照现代分类学，灵芝归属于担子菌门、伞菌纲、多孔菌目、灵芝科、灵芝属中的一个物种。

菜部？灵芝怎么可能是菜呢？

实际上，灵芝与草和菜并无关联，古人可能看到它们多生长于草丛环境中，就把它们都归为了草类。

担子菌门

↓

伞菌纲

↓

多孔菌目

↓

灵芝科

↓

灵芝属

灵芝不是草，也不是菜。

除了“芝”，古人描述其他大型真菌的字“蕈”“菌”也都是草字头。

千年灵芝真的存在吗？

民间流传着“千年灵芝”的说法，意思是灵芝能够生长千年。虽然的确存在寿命长达2000多年的大型真菌，例如蜜环菌，但就灵芝来说，其生长周期通常为1～4年。

灵芝家族中的树舌灵芝虽然有七八十年的生长周期，但离“千年”还差得很远哩。

“千年灵芝”的说法或许指的是相对长寿的树舌灵芝。

树舌灵芝很容易在腐朽的木头上生长，如果大家去爬山的话，说不定能在倒伏的枯树上发现几朵树舌灵芝呢。

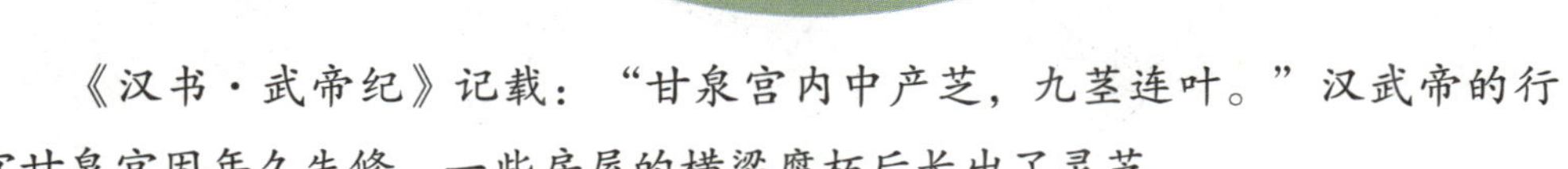

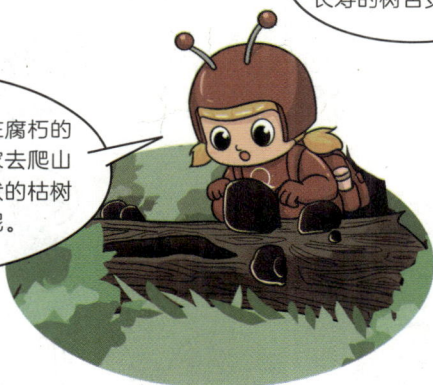

《汉书·武帝纪》记载：“甘泉宫内中产芝，九茎连叶。”汉武帝的行宫甘泉宫因年久失修，一些房屋的横梁腐朽后长出了灵芝。

古人缺乏区分植物和大型真菌的概念，只是根据植物的形态特征来描述。“九茎”表明子实体宽大，“连叶”则说明菌柄与菌盖相连。根据这种描述，这很可能是一种无柄的树舌灵芝。

白娘子去哪里盗仙草?

白娘子盗仙草的故事家喻户晓，白娘子盗的仙草就是灵芝。

如果白娘子具备一些大型真菌的分类知识，就不会冒险去戒备森严的昆仑山盗取灵芝了。

为什么这么说?

我国是灵芝种类最丰富的国家，至少有 100 多种灵芝广泛分布于大部分地区，其中以热带和亚热带地区最多。仅海南岛就有 60 多种灵芝，比如热带灵芝、无柄灵芝、喜热灵芝、南方灵芝、鹿角灵芝、弯柄灵芝等。

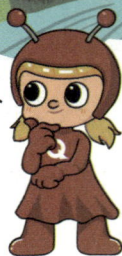

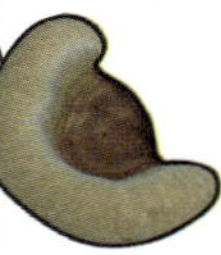

热带灵芝

无柄灵芝

喜热灵芝

南方灵芝

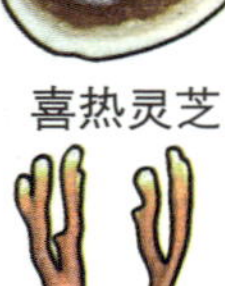

鹿角灵芝

弯柄灵芝

就连偏远的西藏地区也生长着多种灵芝，例如松杉灵芝和白肉灵芝。

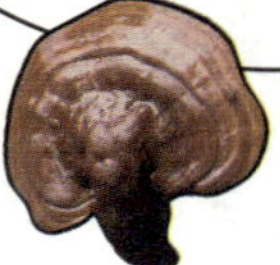

松杉灵芝

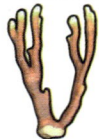

白肉灵芝

白素贞生活的长江流域生长着 25 种灵芝，如紫灵芝、四川灵芝和硬孔灵芝。

硬孔灵芝

四川灵芝

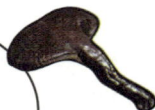

紫灵芝

到了七八月份，灵芝会大量出现在长江流域的常绿阔叶林中。与其去气候寒冷的昆仑山游玩，倒不如去杭州周边的山里走走，运气好的话，或许还能采到刚刚生长出来的灵芝呢。

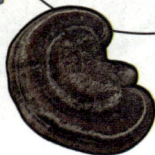

2.9 会吃肉的平菇

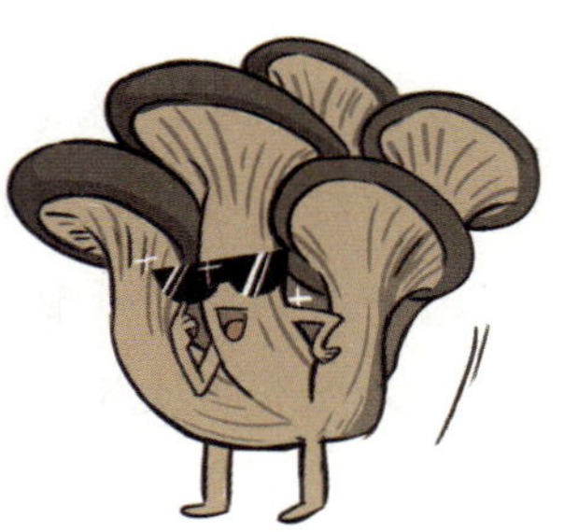

平菇是侧耳属大家庭中的代表，在真菌分类专家眼里，它是侧耳属研究中的典型物种。

平菇也称糙皮侧耳，是人们喜爱的常见食用菌之一。

平菇味道鲜美，在国外被称为“oyster mushroom”，因其味道与牡蛎相似，外形也酷似牡蛎壳，因此平菇还有另外一个名字——蚝菇。

平菇其实一点也不“糙”

平菇有一根细长的菌柄，通常生长在圆形的菌盖一侧，这正是侧耳属中“侧”字的由来，也是侧耳属所有物种的共同特征。

平菇的子实体表面非常光滑，甚至带有光泽，一点也谈不上“糙”。其颜色多样，包括白色、灰色、黄褐色和深棕色等。因此你在菜市场看到颜色各异的平菇时，不必惊讶，这只是品种和栽培环境不同所致。

许多侧耳属的其他物种，虽然在真菌分类学家眼中属于不同物种，但在消费者看来都长得差不多，因此被统称为平菇。

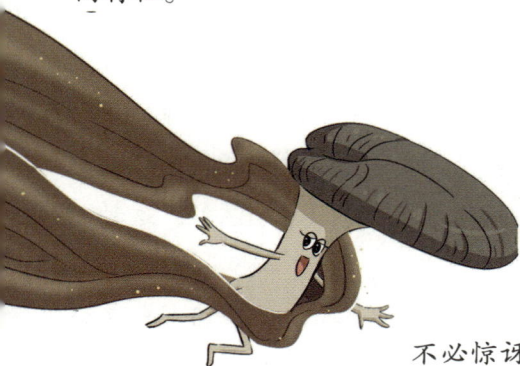

平菇为什么会“吃肉”？

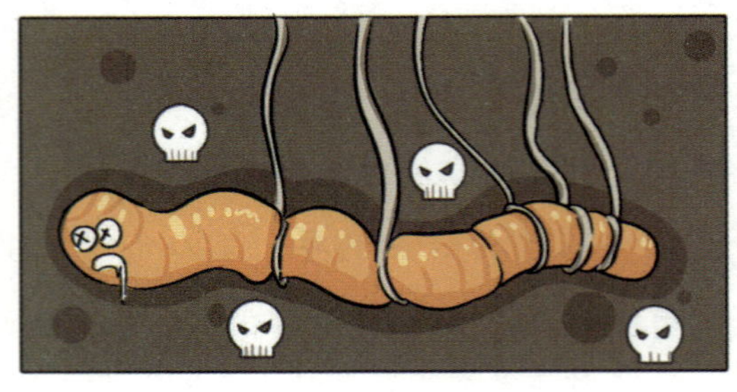

平菇生长的木材中的氮源含量较少，因此当环境中氮源匮乏时，它便打起了捕食线虫的主意，继而成为一种肉食性真菌。平菇是少数已知的肉食性大型真菌之一。当它的菌丝在生长环境中遇到线虫时，会迅速缠绕住线虫，并分泌出一种毒素注入线虫体内，使其立即瘫痪，从而将其转化为自身的氮源补充剂。由此看来，平菇未来很有可能成为一种用于防治线虫危害的生物防治剂。

容易栽培的平菇

平菇易于栽培，且生长迅速，产量高，因此在欧美和非洲地区栽培广泛。栽培平菇的原料很丰富，如稻草、木屑、玉米芯、甘蔗渣、咖啡渣、苹果枝等，几乎任何含有木质纤维素的农业废弃物都可以用来栽培平菇。

平菇的营养价值高也是其被广泛栽培的另一个重要原因。其蛋白质含量在食用菌中比较高，尽管会因栽培基质和采收时间的不同而有所差异，但每100克干平菇中仍然含有17～42毫克蛋白质，这些蛋白质包含所有的必需氨基酸。此外，平菇还含有非必需氨基酸——4-氨基丁酸（GABA），这种成分有助于改善睡眠。

平菇的人工栽培最早出现在第一次世界大战期间。当时，德国人为了补充食物的短缺而发明了平菇栽培技术。如今，平菇成为仅次于双孢蘑菇全球栽培地域最广泛的食用菌品种。

平菇的吃法

新鲜的平菇味道清香，吃法多种多样，可炒食、油炸、煲汤，也可作为火锅或麻辣烫的配菜。下面介绍两种最常见的烹饪方式。

清炒平菇

（1）将葱、姜、青椒分别切好备用；

（2）把500克平菇手撕成小朵，放入开水中焯烫1～2分钟，捞出后用冷水冲洗冷却，并攥出多余水分，备用；

（3）热锅倒油，放入切好的葱、姜、青椒炒香，接着倒入平菇翻炒约3分钟，加入少许生抽调味，继续翻炒2分钟，最后加盐，翻炒均匀后即可出锅。

香酥五香平菇

（1）将平菇手撕成小朵，洗净后攥干水分备用；

（2）取两勺面粉和两勺淀粉放入盆中，打入一个鸡蛋，加少许五香粉，加水搅拌成面糊状，将平菇放入盆中，均匀裹上面糊；

（3）油锅中油温七成热时，将裹好面糊的平菇缓慢放入，炸至两面金黄后捞出，待油温升至十成热时复炸一次，这样平菇更加酥脆，炸好的平菇取出装盘，根据个人口味可撒上适量辣椒粉、黑胡椒粉或椒盐。

2.10 属于肺形侧耳的凤尾菇和秀珍菇

凤尾菇的故事

肺形侧耳，也被称为印度侧耳，是一种起源于印度的食用菌。1974年，印度科学家在喜马拉雅山麓生长的大戟科霸王鞭肉质组织上分离到一株肺形侧耳菌株。由于这株菌株的子实体呈凤尾状，因此被命名为“凤尾菇”。

后来，印度科学家将这株菌株赠送给香港中文大学的张树庭教授。张教授对这株珍贵的菌株非常重视，对其进行了深入的研究，最终开发出了高产的栽培技术。

后来，张树庭教授来到内地讲学，把肺形侧耳赠送给菇农，并传授了栽培技术。凤尾菇生长能力极强，可以在谷物秸秆、棉花废料、木屑等农业废弃物上生长繁殖，且产量极高。其栽培方法简单易学，非常适合20世纪80年代我国食用菌产业大发展的需求。因此，凤尾菇的栽培技术很快就被推广和传播开来。

张树庭教授用了 20 年的时间，在全球坚持推广简单易操作的凤尾菇栽培技术。他的足迹遍布亚洲的印度尼西亚、马来西亚、孟加拉国和尼泊尔，非洲的纳米比亚、津巴布韦、马拉维、斯威士兰和南非，南美的哥伦比亚、巴西和阿根廷。

为了铭记张树庭教授将凤尾菇品种广泛推广至全球的贡献，一些国际知名真菌学家建议将凤尾菇的学名命名为“树庭侧耳”。

秀珍菇的故事

秀珍菇产于我国宝岛台湾地区。20 世纪 90 年代，台湾菇农在栽培凤尾菇的过程中发现，适当提前子实体的采收时间，采收到的鲜菇味道更加鲜美。随后，他们选育出适合提前采收的栽培品种，并建立了相应的栽培工艺，从而开发出这一新菇种。由于采收到的子实体形态小巧，因此被称为秀珍菇。20 世纪 90 年代末，秀珍菇在福建、上海、浙江等地引种栽培获得成功。秀珍菇菇形小巧，质地细嫩爽口，深受消费者喜爱，逐渐成为了各地普遍栽培的食用菌品种。目前，秀珍菇的年产量已接近 50 万吨。

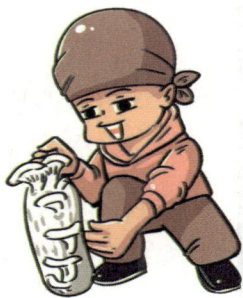

凤尾菇和秀珍菇都属于肺形侧耳，但因为子实体外形和栽培条件不同，形成了各具特色的栽培品种。

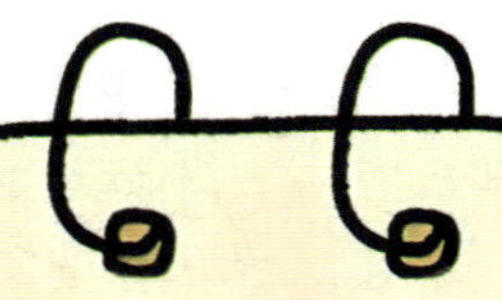

推荐秀珍菇和凤尾菇的做法

秀珍菇炒青菜

（1）将秀珍菇洗净，手撕成小朵或者小条，用开水烫一下，捞出沥干水分；青菜洗净切碎备用。

（2）锅中倒入适量食用油烧热，倒入青菜翻炒。

（3）将秀珍菇倒入锅中与青菜一起翻炒，待青菜梗变软后，加入适量盐，翻炒均匀后即可起锅装盘。

秀珍菇豆芽排骨汤

（1）豆芽和秀珍菇洗净备用；排骨清洗干净后焯水。

（2）将排骨放入高压锅中，加清水和适量料酒，熬煮 15 分钟。

（3）放入豆芽和秀珍菇，煮 3 分钟后，加入食盐、黑胡椒等调料即可起锅。

凤尾菇炒肉片

（1）将蒜、生姜、红辣椒切丝；里脊肉切片备用；凤尾菇手撕成小条，用开水烫后捞出来备用。

（2）锅中放油烧热，爆香蒜、生姜和红辣椒，加入里脊肉翻炒至变色。

（3）倒入凤尾菇翻炒均匀，最后加食盐和其他调味料，炒匀后即可起锅。

2.11 金顶侧耳成为北美大陆“新移民”的故事

今天故事的主角是侧耳家族的“帅哥”——金顶侧耳。它的菌盖像一个喇叭，表面呈金黄色，而菌褶和菌柄则是白色的。金顶侧耳丛生在一起，看起来就像是一丛盛开的金黄色鲜花。

金顶侧耳原产于俄罗斯东部、中国北部和日本，它是我国东北地区有名的野生食用菌，通常被称为榆黄蘑。榆黄蘑有“长白第一鲜”之称。在我国长白山的一些阔叶树木上，生长着大量的野生榆黄蘑，也被称为榆耳或榆干侧耳。刚采下来的新鲜榆黄蘑呈亮黄色，气味清香，色、香、味俱佳，深受人们喜爱，是东北菜中不可或缺的美味佳肴。

20 世纪 70 年代，榆黄蘑实现了人工栽培。与其他侧耳属成员一样，榆黄蘑能够利用多种原材料生长，加之栽培技术简单，因此在东北地区广泛栽培。然而，榆黄蘑的子实体成熟后非常脆嫩，不耐运输，通常只能就地生产和销售。近年来，山东省成为榆黄蘑的主要生产地，2020 年产量已达到 3 万吨。

榆黄蘑以其特有的香气和鲜艳的颜色，深受各国人民的喜爱，尤其在欧美市场有着很旺的人气，被称为“金牡蛎菇”。在美国，榆黄蘑栽培者通常选择在靠近树林的农场进行户外仿野生栽培，这种方式为榆黄蘑回归自然提供了便捷的通道。

北美地区首次观测到野生榆黄蘑的记录是在 2014 年 6 月，由威斯康星州麦迪逊市的一位大型真菌观测爱好者发现。他将照片和信息发布在“真菌爱好者（Mushroom Observer）”网上，这是一个供业余大型真菌观测和摄影爱好者分享照片的平台。随后几年，越来越多的野生榆黄蘑的观测照片出现在该网站上。此外，iNaturalist 是美国另外一个由用户提交的数据构成的生物地理和生物多样性网络数据库。2016 年，iNaturalist 首次出现野生榆黄蘑的观测信息，2017 年提交的观测为 15 次，而到 2018 年 10 月 1 日，观测记录已增至 93 次。由于榆黄蘑色彩鲜艳，辨识度极高，很难被大型真菌观察爱好者忽视。随着时间的推移，人们对它的观察频率也越来越高。

推荐榆黄蘑的做法

榆黄蘑炒肉片

（1）将榆黄蘑洗净后手撕成小条备用；猪里脊切片，用精盐和鸡蛋清抓匀后加入淀粉上浆；葱切段，胡萝卜切片备用。

（2）油倒入锅中烧至三成热时，放入里脊肉片，稍翻炒后捞出备用。

（3）原锅留底油，放入葱段煸出香味后捞出，再加入榆黄蘑、胡萝卜片、少许水和精盐翻炒；倒入里脊片，翻炒均匀后加水淀粉勾芡，稍加翻炒即可出锅装盘。

榆黄蘑炒鸡蛋

（1）榆黄蘑洗净去茎，切成碎丁并挤干水分；香葱切末备用。

（2）鸡蛋打入碗中搅散，加入少许香油、盐搅拌均匀，再加入榆黄蘑碎丁和香葱末搅拌均匀。

（3）锅中放少许油，油温热时倒入混合好的蛋液，煎至一面金黄后翻面，煎至另一面金黄即可出锅装盘。

油炸榆黄蘑

（1）榆黄蘑洗净沥干，切成块，加入精盐、鸡精、料酒和淀粉浆拌匀备用；将酱油、醋、料酒、白糖、味精勾兑成汁；葱、姜、香菜洗净切段备用。

（2）锅中倒入油，烧至七成热，将拌好的榆黄蘑逐个放入油中，炸至金黄色后捞出。

（3）炒锅中留少许底油，放葱、姜煸香，加入炸好的榆黄蘑，倒入勾兑好的浆汁，撒入香菜，迅速翻炒均匀，淋入麻油后即可出锅装盘。

2.12 既能治愈你的心还能满足你的胃的桃红平菇

侧耳家族“人才济济”，不仅有金黄夺目的榆黄蘑，还有粉嫩艳丽的桃红平菇。

治愈你的心

桃红平菇最引人注目的特点在于它子实体的颜色——鲜艳的粉红色。与大多数栽培食用菌的白色、灰色或棕色等色系相比，这种颜色确实罕见。更特别的是，不仅菌盖表面是粉红色的，连菌柄也是粉红的。

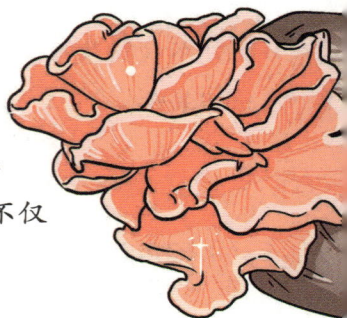

世界各地的人们根据桃红平菇的粉红色特征，还给它取了很多有意思的昵称，比如粉红火烈鸟平菇、鲑鱼平菇、草莓平菇、朱鹮色平菇等。近年来，这些粉色还被赋予了一个时髦的名字——千禧粉。显然，桃红平菇不仅是一种食用菌，还能让人心情愉悦。

满足你的胃

桃红平菇子实体肉质饱满，有嚼劲，煮熟后，它的味道类似于龙虾，若煮得久一些，则会有培根或火腿的风味。因此，许多素食者会将其作为肉类替代品。当然，它与猪肉、鸡肉或海鲜一起搭配烹饪也非常美味，足以满足你的胃。

除了吃以外的其他用途

科学家围绕桃红平菇进行了多项研究。例如，有人从桃红平菇中提取色素用于布料染色；还有人克隆了桃红平菇中的有色蛋白的基因，并实现了异源表达。

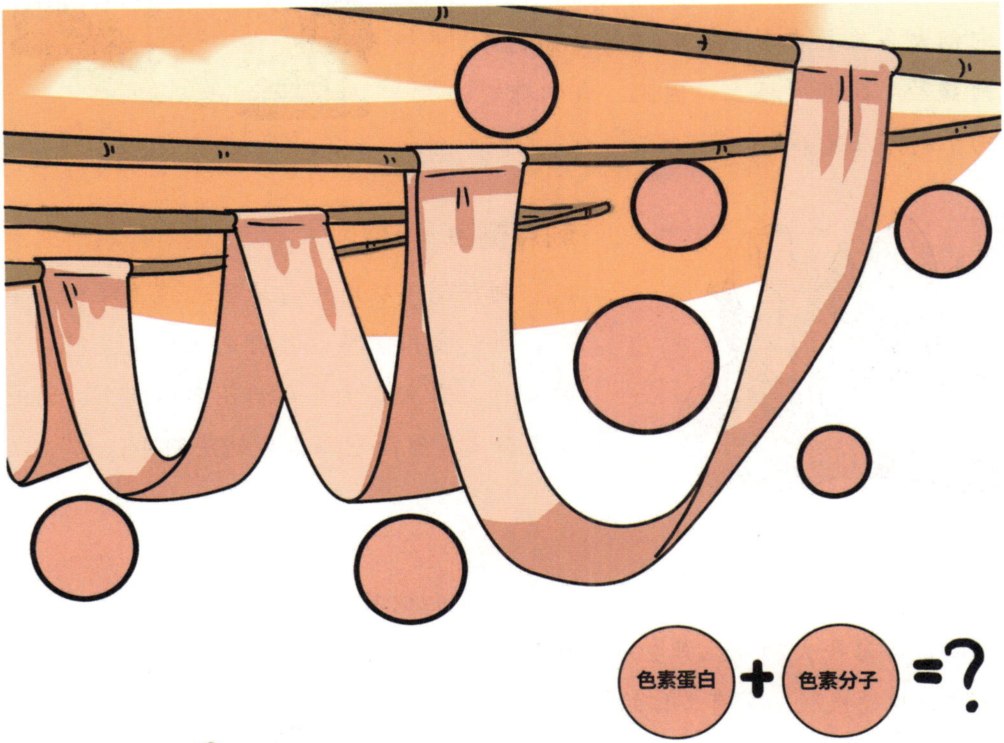

色素蛋白 + 色素分子 =?

随着全球环保意识的增强，人们开始尝试使用食用菌的菌丝替代皮革制作皮包。法国奢侈品品牌爱马仕就推出了一款以食用菌菌丝为材料的千禧粉维多利亚旅行包。

2.13 “刺芹三兄弟”

现在，让我们来认识侧耳大家族中的三位成员：刺芹侧耳、阿魏侧耳和白灵侧耳。它们大多生长在伞形花科植物（如刺芹、阿魏等）的茎或根上，因此，我们称它们为“刺芹三兄弟”。

刺芹侧耳

刺芹侧耳从地中海地区远渡重洋来到中国，堪称食用菌界最具有“国际主义精神”的品种。它主要生长在刺芹属植物上，因此真菌分类学家给它取名为刺芹侧耳。

虽然刺芹侧耳这个名字听起来很学术，但它其实就是我们熟知的杏鲍菇。我国目前每年大约能生产200万吨的杏鲍菇，在菜市场上很常见。杏鲍菇个头大，口感爽脆，带有杏仁的香气，深受大众喜爱。

阿魏侧耳

阿魏侧耳是自然界分布比较广的物种，在我国新疆地区也有分布，主要生长在阿魏属植物上。

20 世纪 80 年代，阿魏侧耳在我国新疆成功实现人工驯化。然而由于阿魏侧耳生长周期长、产量低、抗病能力弱等原因，一直没有形成规模化栽培。

白灵侧耳

白灵侧耳即著名的白灵菇，主要分布在亚洲，我国新疆地区是其主要分布地。白灵菇是土生土长的亚洲菇，在野外主要生长在阿魏属的植物上，常因外形与阿魏侧耳相似而被误认。实际上，白灵侧耳与刺芹侧耳有很近的亲缘关系，有学者认为白灵侧耳是刺芹侧耳的变种，也有学者认为它是刺芹侧耳的亚种，还有学者认为它是一个独立的物种。白灵菇同样在 20 世纪 80 年成功实现人工驯化栽培。目前，我国每年大约能生产 5 万吨白灵菇，主要产区分布在河北、河南、山东、山西等省份。

“刺芹三兄弟”之间的演化关系

“刺芹三兄弟”的外貌很相似，这让真菌分类学家一直对它们之间的演化关系感到困惑。最终经过交配亲和性实验，才揭示了其中的奥秘。原来，食用菌物种内部有一套复杂的通婚密码系统，个体在婚配时，首先要对密码进行匹配，只有相互识别的密码才能顺利婚配。这套系统既复杂又多样，既保障了物种内部个体之间通婚顺畅，又隔离了与其他物种个体的婚配，从而保护物种基因库的纯洁性。

每个物种在演化的过程中，都会从祖先物种那里继承通婚密码系统。如果物种之间一直保持交往，它们的通婚密码系统之间会有许多兼容性，能够部分相互识别，从而实现部分的交配亲和；如果物种之间分家太早或分家后隔离得太远，通婚密码系统之间就会无法识别，导致物种之间出现彻底的种间生殖隔离。

真菌分类学家通过研究“刺芹三兄弟”之间的交配亲和性，发现它们之间的婚配成功率最高可达98%。基于这一特性，科学家们认为“刺芹三兄弟”属于同一个生物学物种。

面对“刺芹三兄弟”之间复杂的演化关系，真菌分类学家最终将它们归入刺芹侧耳物种复合群，目前，这个物种复合群已经包含9个分类单位，它们的共同特点是都生长在伞形花科植物上。除了“刺芹三兄弟”，其他品种在我国尚未被栽培。也许将来我们能够开发出更多的“刺芹侧耳好兄弟”来丰富我们的饮食。

2.14 国宴担当——红托竹荪

有一种菌子，顶部长着状似斗笠的菌盖，菌盖四周垂绕着一圈婆娑的白纱裙，形态优美又独特——没错，它就是竹荪！

哇，听着既美又神秘，到底是什么菌呀？

竹荪是当今世界上名贵的食用菌之一。

在真菌分类中，竹荪隶属于腹菌纲、鬼笔目、鬼笔科。目前，世界范围内已发现12种不同的竹荪，主要分布于中国、印度、澳大利亚、斯里兰卡等地，而我国就有7种。

红托竹荪

在竹荪大家庭中，品质最佳的当属红托竹荪。它的菌托呈紫红色，因此得名。

红托竹荪菌盖为钟形或锥形，表面有显著网格，产孢组织呈暗绿色；顶端平，有孔口，微臭。菌裙呈白色，从菌盖下垂7厘米，呈多角形，有圆形网眼；菌柄为白色，圆柱形，海绵质，中空；菌托为球形，呈红色。

红托竹荪该不会也有异味吧？

龙井竹荪汤

红托竹荪可没异味，相反还有一股清香，适合烹制各种佳肴，营养价值也很高。

自古以来，红托竹荪就被视为山珍进贡皇室。在清廷的满汉全席中，就有龙井竹荪汤、燕窝八仙汤等以竹荪入馔的珍馐，其中“燕窝八仙汤”更是慈禧太后常饮的滋补佳品。

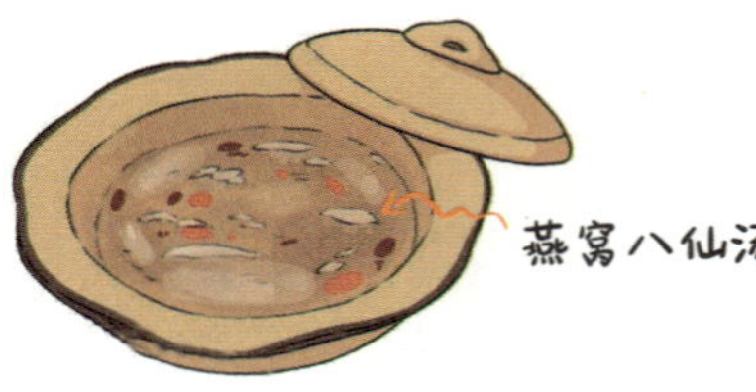

怪不得说红托竹荪是竹荪中的极品！

其实 1980 年以前，只有红托竹荪在市场上销售。

1972 年，美国总统尼克松访华时，国宴上的“竹荪芙蓉汤”即以红托竹荪为主料，备受赞誉。此后，日本首相田中角荣、英国女王伊丽莎白等贵宾访华时，都对国宴中的竹荪菜肴赞不绝口。

从清朝到现代，红托竹荪一直是款待贵宾的顶级食材，堪称当之无愧的山珍之王！

不愧是我！国宴担当！

竹荪芙蓉汤

评分：5.0

评论一：竹荪真是美味中的美味！

评论二：噢，我的天哪！这个竹荪真是太美味了！我将永远赞美它！

吃红托竹荪有什么好处呢？

红托竹荪是优质的植物蛋白和营养源，含有人体所需的六大营养素。其蛋白质含量显著高于大多数植物性食材，具有高蛋白、低脂肪的显著特点。竹荪的氨基酸组成不仅种类齐全，且含量丰富。研究表明，红托竹荪中人体必需的八种氨基酸含量占比甚至高于一些肉类和谷物。此外，红托竹荪还富含多种对人体有益的矿物质及微量元素，包括钠、镁、钙、钾、铁、磷、铜、锰、锌等。

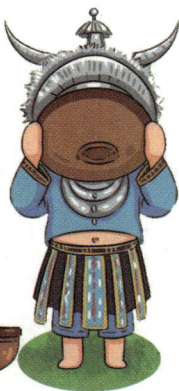

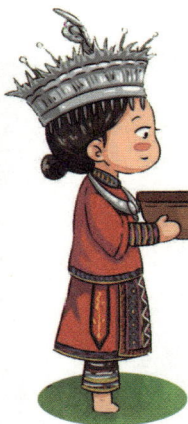

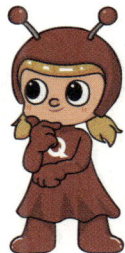

作为珍稀菌类，红托竹荪不仅营养丰富，还含有多种生物活性物质如多糖、多酚、黄酮、三萜类化合物等，具有提高免疫力、抗癌、抗氧化、抗炎抑菌等保健功效。在贵州少数民族地区，红托竹荪被广泛用于传统医疗：当地人常用其治疗消化道疾病；苗族则会将其与糯米混合，经水浸泡多日后服用，用以缓解咳嗽、外伤症等症状。

红托竹荪子实体成分鉴定报告

科研人员从红托竹荪子实体、菌丝体及发酵液中鉴定出多种活性化学成分。红托竹荪提取物有显著的抑菌、抗氧化、抗肿瘤、增强免疫力以及调节血压血脂等功效，具有较好的医用价值。目前，红托竹荪多糖已作为天然抗氧化剂，广泛应用于食品、医药、营养品及化妆品等行业。

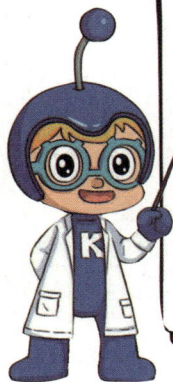

红托竹荪好吃又营养，为什么不像平菇、香菇、金针菇一样常见呢？

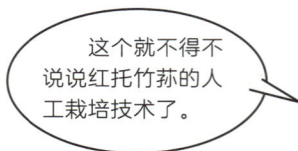

这个就不得不说说红托竹荪的人工栽培技术了。

贵州织金县是红托竹荪的发源地和主产地。2010 年，“织金竹荪”获得中华人民共和国地理标志保护产品认证，至今贵州仍是红托竹荪的主要栽培区。

野生红托竹荪通常生长在枯竹根部。传统人工栽培主要使用阔叶树木屑、竹材下脚料和腐殖土作为栽培基质，但这种栽培方式存在明显局限：一是产出率低，二是土地不能连作，每次栽培都需要重新建棚。这种高投入、高技术的栽培要求，严重制约了红托竹荪产业的规模化发展。

近年来，红托竹荪的栽培方式不断改良，已形成多种栽培模式：与农作物套种、室内框式栽培、发酵料栽培、林下仿野生栽培、层架立体菌棒栽培……尽管如此，红托竹荪仍面临栽培周期长、病虫害易发、产量不稳定等技术瓶颈，导致其市场价格一直居高不下。

野生红托竹荪

这么珍贵的
红托竹荪吃法一
定不一般吧？
红托竹荪不仅可以吃
成熟的子实体，还可以吃
竹荪胚体，即竹荪蛋。

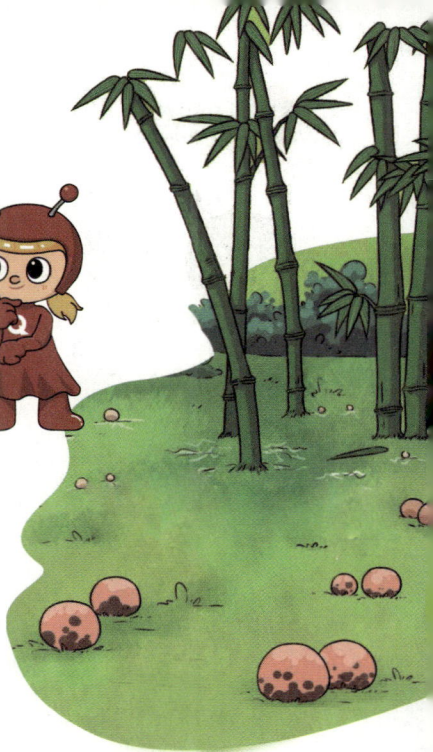

红托竹荪菌在幼年阶段，竹林土中可见大量白色丝状菌丝，这些菌丝逐渐聚合成卵形球体。随着生长发育，球体会继续膨大，表面形成紫红色的外皮，这就是我们所说的竹荪蛋。竹荪蛋呈鸡蛋状，菌肉饱满肥厚，入口清香脆嫩，且富含营养成分。无论是与肉类炖汤还是与素菜同炒都十分鲜香。在烹饪干制竹荪蛋时，需要注意以下要点：使用温热的淡盐水浸泡 20 分钟以上，确保充分发透；盐水有助于去除竹荪蛋表面的黏性，达到更好的清洁效果；泡发后需沸水煮 10 分钟，过凉水后切成片，适用于煲汤、蒸、涮、煮等多种烹调方式。需要注意的是，竹荪蛋的黑边是未完全成熟的竹荪孢子，若不喜欢其味道可以去除。

竹荪蛋要
怎么食用呢？

比起干竹荪蛋，新鲜的竹荪蛋口感和营养更好，不过保质期较短，常温下放置两天就会出现表皮破裂、汁液流出等现象。竹荪蛋的吃法丰富，比如凉拌竹荪蛋、竹荪蛋肉丸汤、红烧竹荪蛋等。

那成熟的红托竹荪吃法有什么不一样吗？

成熟的竹荪从竹荪蛋中破壳而出，由菌盖、菌裙、菌柄和菌托四部分组成，每个部位都具有独特的食用价值。

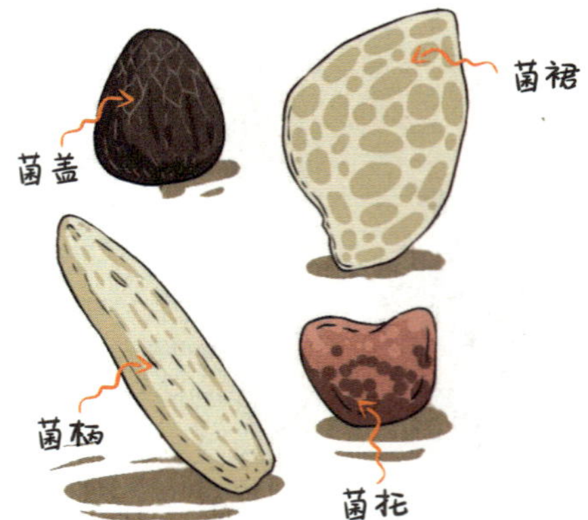

菌盖处理

菌盖表面覆盖着黑色孢子层，建议采用以下清洁方法：70℃～80℃温水浸泡 2 小时后冲洗；或使用 60℃温水反复冲洗至黏液完全清除。

主要食用部位

经处理后切分的竹荪（包含菌裙和菌柄）俗称“竹荪花”，这是市场上最常见的竹荪干制品。其特点包括：质地脆嫩，有“素毛肚”之称；适合烧制、炒制等多种烹饪方式。

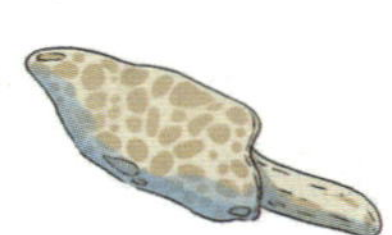

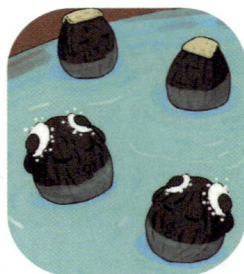

加工方法

干制竹荪花的处理方法：采用与竹荪蛋相同的泡发流程；沸水煮制 10 分钟后过凉水。适用于煲汤、清蒸、涮煮等。

新鲜竹荪花可直接用于竹荪炖鸡汤、竹荪炖排骨、竹荪炒丝瓜等菜品。

菌托利用

菌托占整株竹荪重量的 50%，由三部分组成：菌皮、胶质层、连接膜。这些组织富含蛋白质、多糖、多酚类物质，以及黄酮化合物、多种氨基酸，因其营养丰富，可作为深加工原料，有效提升副产物附加值。

既可以吃蛋又可以吃花，营养又丰富，味道也鲜美。

怪不得红托竹荪这么珍贵！

竹荪的种类这么多，怎么才能分清楚谁是谁呢？

分辨竹荪，当然要从它们的特点入手啦！

除红托竹荪外，市面上常见的还有短裙竹荪、长裙竹荪和棘托竹荪。

红托竹荪

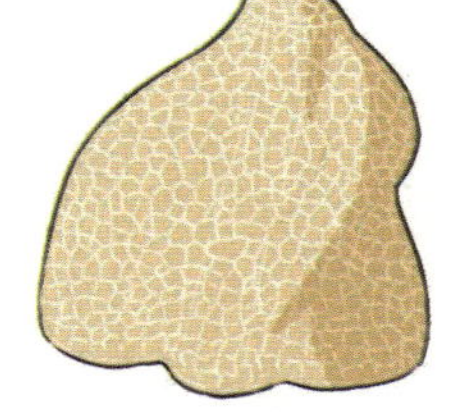
长裙竹荪的纱裙

短裙竹荪

短裙竹荪子实体较大，菌托呈粉灰色，菌盖为钟形，具显著网格结构，内含有绿褐色、臭且黏的孢子液。顶端平且有穿孔。菌幕为白色，网眼呈圆形。

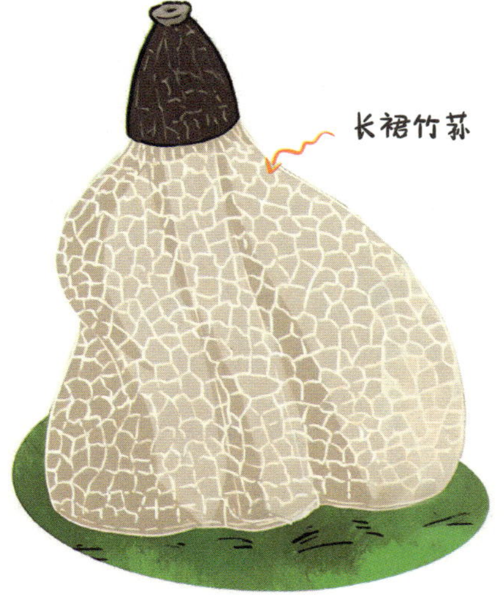

长裙竹荪

长裙竹荪幼体为卵球形，逐渐会伸长。菌托呈白色或淡紫色，菌盖为钟形，有显著网格，有微臭的暗绿色孢子液，顶端平且有穿孔，菌幕为白色，下垂长度10厘米以上，网眼为多角形，菌柄呈白色中空，壁为海绵状结构。

棘托竹荪

棘托竹荪菌盖钟形，薄脆，呈网格状。其有一层褐青色黏液，即孢体。菌裙为白色，多角形网格。其菌柄较长，为白色海绵质。菌托初期为白色或浅灰色，后期转为褐色。表面有柔软的刺状突起。

以上四种竹荪，是我国主要栽培品种，集中分布在长江流域及其以南地区。

2.15 银耳是个“饭来张口”的懒家伙吗？

银耳通体洁白剔透，宛如水晶，素有“菌中之冠”的美誉。

在宋代，银耳还有一个高大上的名字——五鼎芝。当时人们就已把银耳当成珍稀食材，因其产量稀少，价格昂贵，只有富贵人家才能享用。

古人的银耳栽培

早在现代生物学发展之前，位于大巴山东段的湖北房县和四川通江的古人就已尝试人工栽培银耳。根据通江县志记载，1880 年前，四川通江的银耳产量突然大增，这表明 140 多年前人们已经掌握了较为成熟的银耳栽培技术了。

不过，这种栽培模式与现代可控栽培仍有差距，要依赖环境条件，选择适合银耳生长的树段，依靠自然飘散的孢子进行繁殖。
K

银耳生长的科学奥秘

银耳的生长过程非常独特，科学家们花了几十年的时间才搞清楚其中的奥秘。

20 世纪 40 年代，科学家在分离银耳菌丝时，总发现一种伴生真菌。这种菌看起来像香灰粉末，因而得名香灰菌。

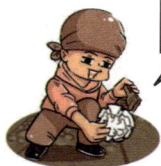

咱们菇农可以根据香灰菌的多少来推断银耳的长势和产量。

起初，研究者误以为它是银耳生长过程中的普通共生真菌，但后来研究发现，它其实是一种独立的真菌。

香灰菌的关键作用

在早期银耳栽培中，科学家尝试用银耳孢子接种，但产量极不稳定。

科学家经过分离培养研究，最后发现香灰菌是一种完全不同于银耳的真菌。香灰菌的菌丝灰蒙蒙的，老化后会变成黑色。

没香灰菌都长不动了。

后来，科学家将银耳和香灰菌混合，研究出了能提高产量的菌种，并研发出配套的接种技术。正是得益于这一技术的突破，银耳栽培才迅速普及，人们才能吃到价廉物美的银耳。目前，我国每年银耳的产量为 50 万吨左右，相当于每个人可以分到 350 克（7 两）银耳。

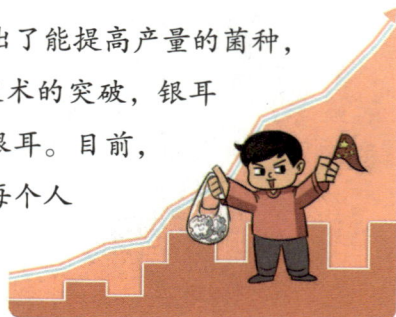

银耳与香灰菌的共生关系

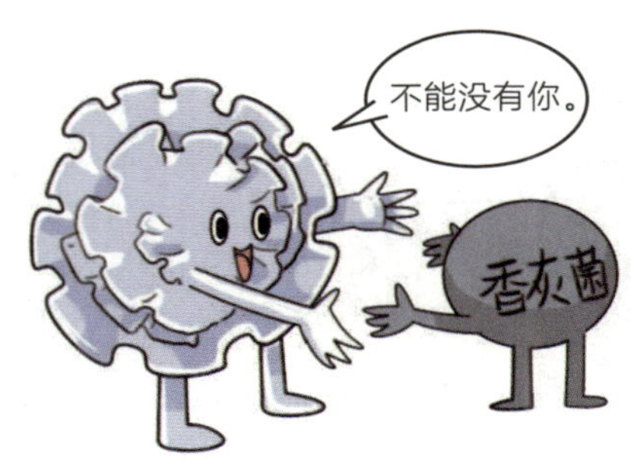

银耳与香灰菌之间存在着怎样的关联呢？

科学研究表明，银耳在单独生长时非常缓慢，且无法形成完整的子实体。只有在与香灰菌共生的情况下，银耳才能正常生长发育并形成可采收的子实体。

从接种到采收，银耳的生长周期大约为 40 天，这在食用菌栽培中属于生长得较快的品种。能够生长得这么快，得益于香灰菌的助力。

香灰菌在银耳生长过程中会大量分解纤维素和半纤维素，为银耳提供生长所需的能源和小分子碳源，弥补了银耳自身无法分解这些复杂碳水化合物的缺陷。可以说，银耳完全是依靠香灰菌的助力才完成自身生长的。

在植物界、动物界，这样不劳而获的案例很多，没想到在真菌界也会有这样的事。

银耳对香灰菌的生长也有促进作用

当然也有一些科学家不太相信香灰菌有这种无私的精神，也不太相信银耳是不劳而获的懒虫。他们推测在这样的组合中，双方一定都有各自的贡献。

银耳单独培养的 A 组

香灰菌单独培养的 B 组

合作共赢是自然演化中的基本规律，这体现出一种生命智慧。

银耳和香灰菌共同培养的 C 组

那么银耳和香灰菌到底是采用何种方式相互促进生长的呢？
迄今为止，科学家关于这方面的了解还很少。

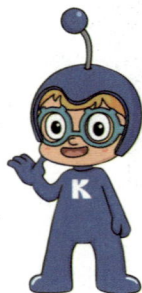

降解纤维素需要多种酶的共同作用，其中纤维素酶 C1 起到很重要的作用。目前，科研人员研究发现，香灰菌和银耳一起生长的时候，银耳能够在生长过程中持续分泌纤维素酶 C1，而香灰菌则不能分泌这种酶。

有趣的是，科研人员还发现，银耳和香灰菌在相互促进生长的过程中会有喜恶的选择：银耳和自己喜欢的香灰菌生长在一起时，能够长出许多洁白的子实体；如果遇到不喜欢的香灰菌，则连一朵子实体也无法长出。

银耳和香灰菌的故事还隐藏着很多的奥秘，或许科学家能在未来揭开这些谜题。

2.16 来自阿里山的鲍鱼菇

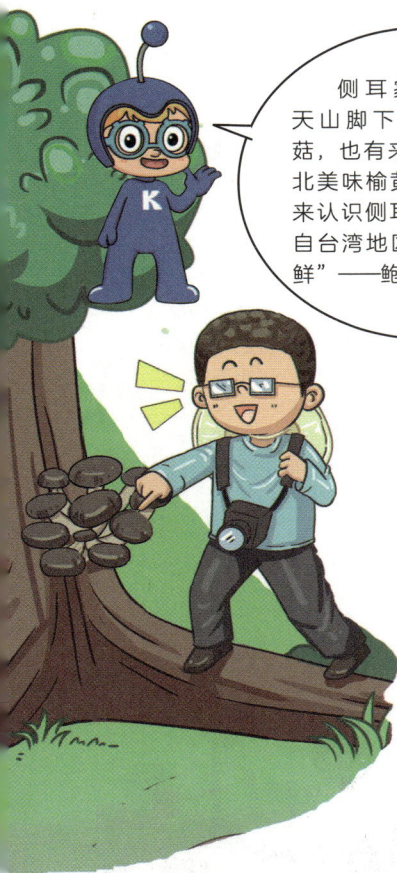

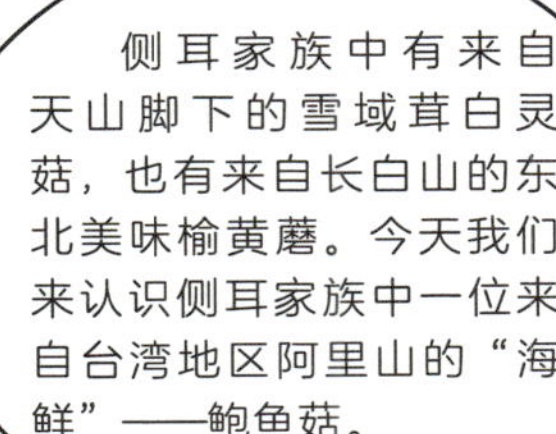

侧耳家族中有来自天山脚下的雪域茸白灵菇，也有来自长白山的东北美味榆黄蘑。今天我们来认识侧耳家族中一位来自台湾地区阿里山的“海鲜”——鲍鱼菇。

Hi，大家好
我是鲍鱼菇！

鲍鱼菇于1974年由台湾真菌学家首次发现，后来陆续在福建、云南、四川等地也被发现。

20世纪80年代，鲍鱼菇栽培技术在台湾地区已趋成熟并广泛推广，成为当地重要的食用菌栽培品种。

鲍鱼菇的菌盖质地厚实，外形和颜色与鲍鱼相似，这正是它得名的缘由。也正因如此，鲍鱼菇是制作“素鲍鱼”的最佳食材。

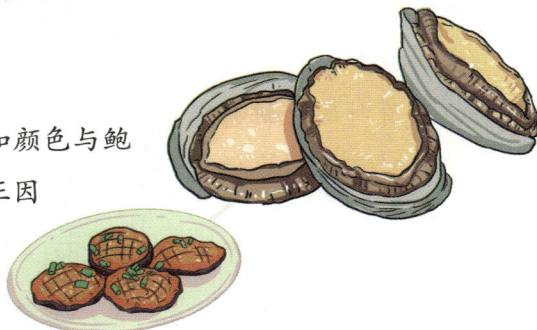

鲍鱼菇比较耐热，能在较高的温度环境中生长，是一种适合夏季栽培的食用菌品种。
目前，鲍鱼菇主要栽培地区在台湾、福建等地，但近年来福建地区的栽培产量正逐年下降。
看来，食用菌育种专家需选育出更多品质优良、符合消费者口味的品种，才能促进鲍鱼菇栽培产业的可持续发展。

生物学特性

鲍鱼菇具有一项独特的生物学特性：菌丝成熟后，会形成分生孢子梗束，其顶端会分泌黑色的液滴，内部包裹着大量分生孢子。

这种分生孢子可能成为鲍鱼菇育种的好材料，但目前针对该性状的研究仍然较少。

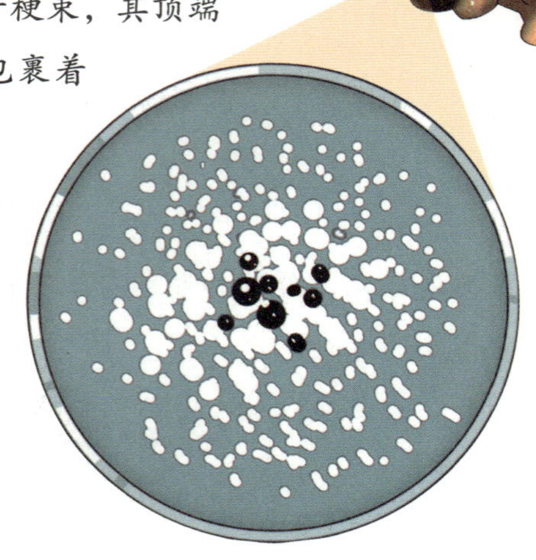

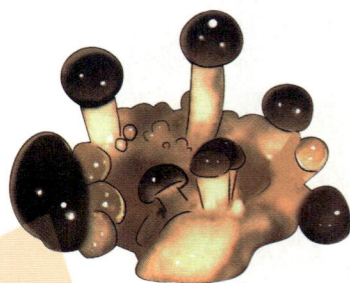

2.17 一个会“躲猫猫”的侧耳家族成员

我国地大物博，物产丰富。东有鲍鱼侧耳，西有白灵侧耳，北有金顶侧耳，南边会有什么有趣的侧耳家族的成员呢？带着好奇心，笔者翻阅了很多参考文献，还真的发现了一种——卵孢侧耳。这种侧耳之所以有趣，是因为它会“躲猫猫”，而且一躲就是160多年，隐身的本领高超。

卵孢侧耳是英国真菌学家贝克利在印度锡金首次采集到的，并于1852年发表了相关论文。卵孢侧耳最大的特点是孢子呈椭圆形或亚卵球形，不同于其他家族成员的孢子多为圆柱形，这也是它名字的由来。

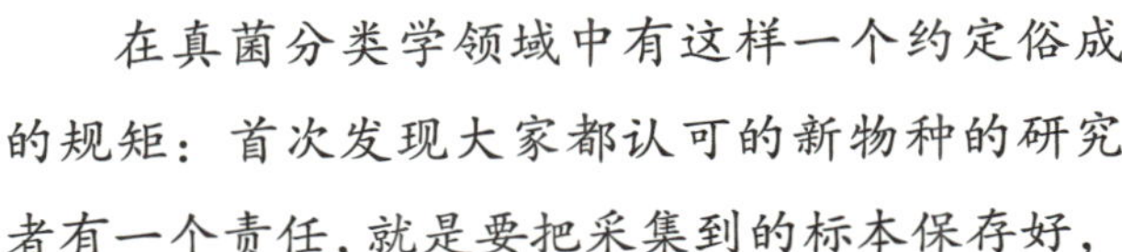

在真菌分类学领域中有这样一个约定俗成的规矩：首次发现大家都认可的新物种的研究者有一个责任，就是要把采集到的标本保存好，作为后人研究的标准样本，这个样本称为模式标本。160多年前采集的卵孢侧耳个体被确定为模式标本后，由于再也没有采集到新个体，所以卵孢侧耳在世界上

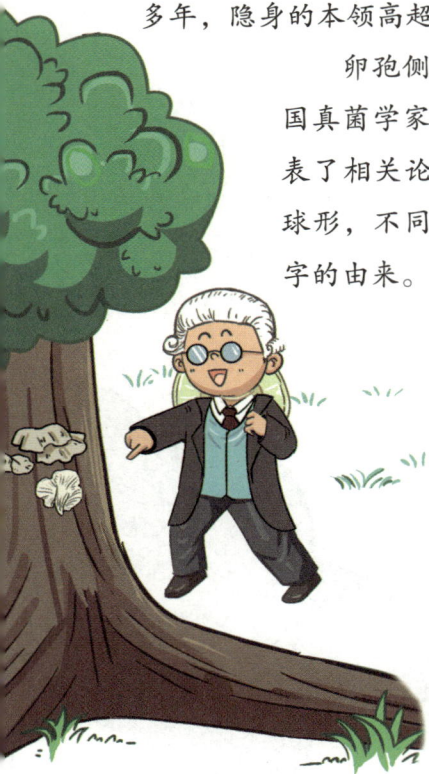

一直只有一号标本，经过300年的岁月侵蚀，这个模式标本已经损坏得非常严重，研究者甚至遗忘了卵孢侧耳的存在。

转机出现在中国南部，当时中国真菌学家陆续在西藏、云南以冷杉、桦木、云杉和杜鹃为主的森林中，采集到了一种从来没见到过的菌类，经过形态学、分子生物学等技术的鉴定，终于确定这个再次发现的菌类就是侧耳家族成员的卵孢侧耳。中国科学院昆明植物研究所杨祝良研究员的团队将研究结果写成论文于2016年发表，向全世界同行宣布卵孢侧耳的“复出”。

卵孢侧耳躲在海拔3000～4200米的亚高山密林中，这里海拔高，地势险峻，加上其生长季节是雨水充沛的6～9月，这大概就是人们一直找不到它的原因吧。

卵孢侧耳的再次出现，马上引发了食用菌研究人员将其驯化栽培的热情。侧耳家族都很容易被驯化，很快卵孢侧耳的人工栽培就获得了成功。它的栽培方法和平菇的差不多，只是比平菇最适生长温度要低一些。味道嘛，比较有韧性，有海鲜味，适合清炒、炖汤和油炸。

卵孢侧耳最大的优点是子实体中蛋白质的含量特别高，可以达到每100克干菇中含有30克粗蛋白，其中8种必需氨基酸含量更是超过7克，高于平菇、香菇，是食用菌中的佼佼者。

2.18 侧耳家族的学霸——菌核侧耳

云南腾冲是胡焕庸线的西南端点，我国许多食用菌主产区就在这条线的东南边，并沿着这条线的平行线分布。

不过今天我们的故事主角不是分界线，而是分布于腾冲地区的一种野生大型真菌——侧耳家族中的学霸菌核侧耳。

认祖归宗

说起菌核侧耳的外形，真是一点也不像侧耳家族的。菌核侧耳的菌盖呈杯状，长长的菌柄中生在菌盖下，而侧耳家族的其他成员都是菌柄侧生在菌盖下方，菌盖成肾形或牡蛎形，且菌柄没有这样长。与家族其他成员不同，菌核侧耳能够在地下产生菌核，这是侧耳家族中唯一拥有此生长特点的。

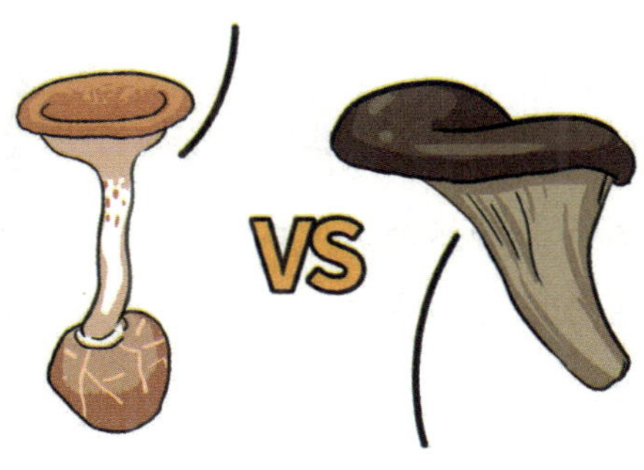

完全不像啊，
怎么能够配得上
“侧”这个家徽？

菌核侧耳的与众不同，一度让真菌分类学家把它划分给其他家族。后来研究者发现菌核侧耳传承了侧耳家族特有的捕杀线虫的绝技，才最终让它认祖归宗。

学霸的气质

如此看来菌核侧耳完全是一个青春期反叛少年的形象，哪里看出是学霸了？

别急，我们慢慢来感受学霸的气质。

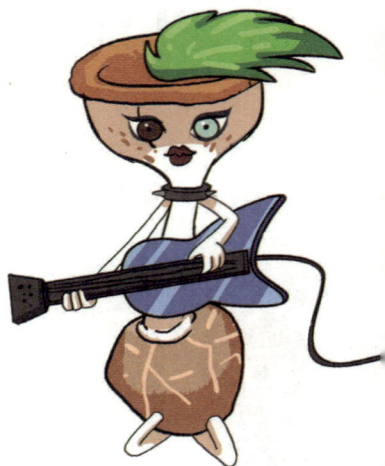

菌核是菌核侧耳的营养贮藏和无性繁殖结构，最大能够长到篮球那么大。在干燥条件下可以保存很久，在条件适宜时会重新长出子实体。作为学霸的菌核侧耳，必然要游学四方，全球热带和亚热带地区都有它的分布，比如印度、斯里兰卡、澳大利亚等。

非洲医生常用菌核侧耳治疗胃灼热、胃溃疡、哮喘、高血压、乳腺癌等疾病。一些地区的婚礼和葬礼上也常用菌核侧耳制作汤品。

菌核侧耳作为学霸，还有一个名字——虎奶菇。传说是老虎的乳汁滴落在森林的地上才会长出这种蘑菇，故得此名。

不愧是学霸，出生背景就烘托得很有中国古人所说的“天生祥瑞”的氛围。

营养价值丰富

看来非洲的土著民把菌核侧耳当成药品使用还是很有科学依据的。

研究者发现，菌核侧耳富含生物活性多糖、氨基酸、脂肪酸、膳食纤维、矿物质和维生素，具有抗肿瘤、抗高胆固醇、抗高血压、抗肥胖、保肝、抗菌、抗氧化等作用。

菌核侧耳菌核中的 β－葡聚糖，不仅是构建基因药物靶向传递纳米载体的新材料，还具有潜在的生物相容性功能纳米材料的应用前景。而且 β－葡聚糖作为碳水化合物类益生元，具有靶向调节肠道微生物群的作用。

有没有感受到菌核侧耳满满的学霸气质？

2.19 侧耳家族失散多年的美味担当——猪肚菇

猪肚菇的名字虽然有趣，身世却充满坎坷，这是一个从诞生之日起就和侧耳家族失散的美味担当。

1847 年，猪肚菇在斯里兰卡被发现，发现它的是英国著名的真菌分类学家 M. J. Berkeley，他把猪肚菇归入了香菇属，从此开启了猪肚菇长达 160 多年的漫漫寻亲之路。在这期间，猪肚菇还被杯伞属、革耳属收留过，直到 2011 年，杨祝良和K. D. Hyde 等学者根据形态学特征和分子证据，才帮猪肚菇认祖归宗，将其重新划归侧耳家族。由于猪肚菇最大能够长到 28 厘米高，菌盖直径达到 35 厘米，根据这个特点，猪肚菇的学名被定为巨大侧耳。

猪肚菇历经重重波折，最终回归到侧耳属大家庭，但是直到现在还有很多人错误地把它当成巨大革耳、大杯蕈。

猪肚菇广泛分布在我国的南方地区以及斯里兰卡、马来西亚、印度尼西亚、越南、老挝、泰国等地。猪肚菇在斯里兰卡自古就被当成珍稀的食物。在马来西亚，猪肚菇被称为“清晨牵牛花菇”。因为猪肚菇长着一个漏斗状的子实体，这一点和菌核侧耳非常相似，以至于常常有人会混淆这两种菇，分不清巨大侧耳和菌核侧耳。

猪肚菇原产于热带和亚热带，能够适应高温环境，是一个适合在夏季栽培的食用菌品种。在我国，猪肚菇最早由福建三明真菌研究所于 20 世纪 80 年代实现人工栽培。目前我国猪肚菇栽培的区域正在从广东、福建等南方地区向山东、北京等北方地区扩展。猪肚菇的栽培过程中需要覆土刺激出菇，如果科学家能够培育出不覆土就能够获得高产的猪肚菇品种，那一定会受到菇农的欢迎。

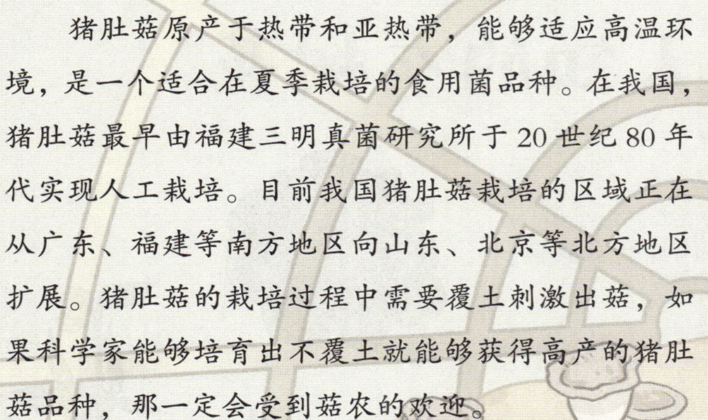

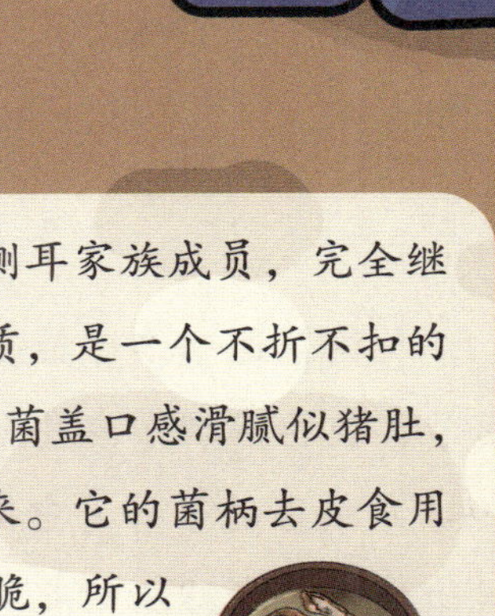

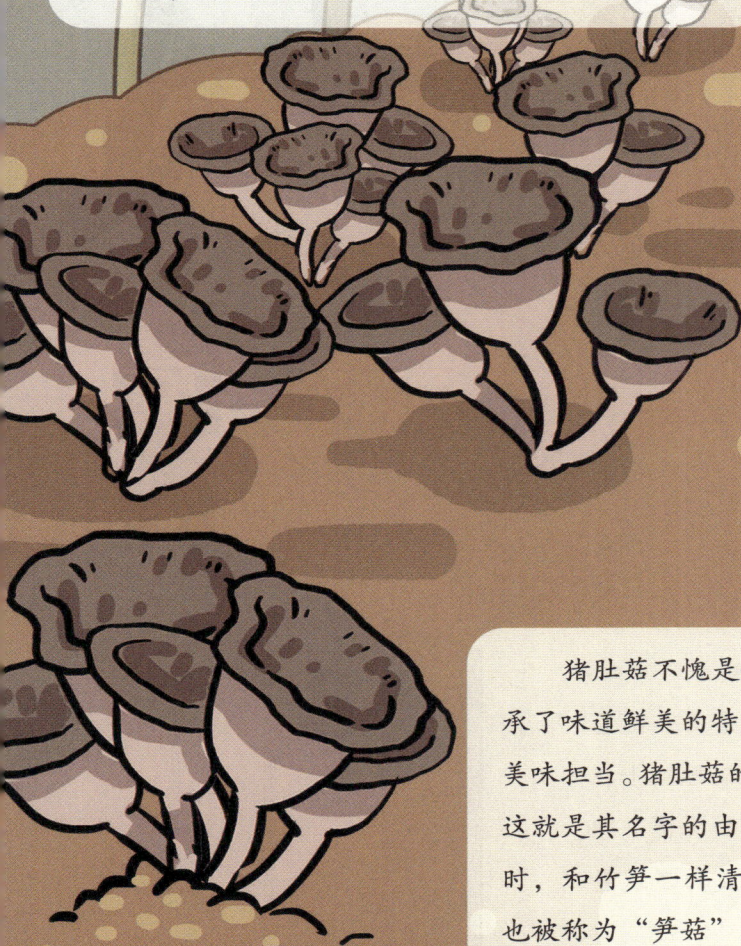

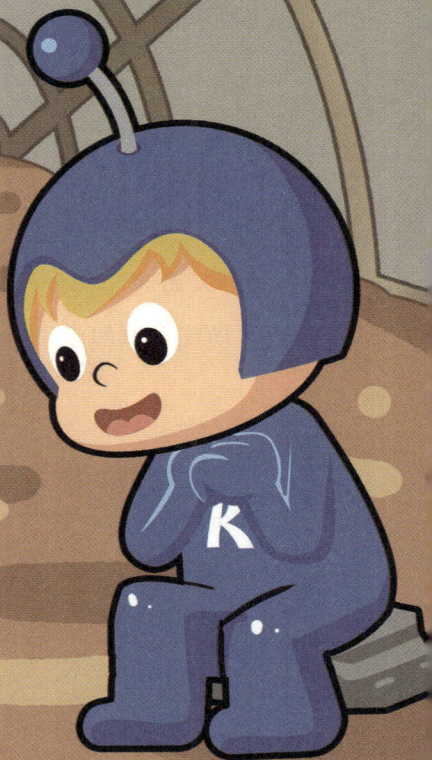

猪肚菇不愧是侧耳家族成员，完全继承了味道鲜美的特质，是一个不折不扣的美味担当。猪肚菇的菌盖口感滑腻似猪肚，这就是其名字的由来。它的菌柄去皮食用时，和竹笋一样清脆，所以也被称为“笋菇”。

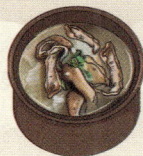

2.20 鲜为人知的灰树花

认识灰树花

灰树花的中文学名叫作贝叶多孔菌，是一种多孔菌。

在河北、山西一带，它们通常生长在野外的板栗树上，被当地人称作栗蘑、栗子蘑。又因为它的外形像一朵重瓣的莲花，所以福建等地的老百姓也叫它莲花菌。

灰色、长在树上、形状像花，这些因素可能就是灰树花得名的原因。

灰树花这个名字最早是由我国真菌学、植物病理学泰斗邓叔群院士在1963年编著的专著《中国的真菌》中提出的。现在“灰树花”成为了这种食用菌的通用名称。

在日本，灰树花也有一个很优美的名字——舞茸。相传在日本的江户时代，舞茸是献给幕府的珍贵贡品，每株舞茸可换取同等重量的银子，因此山民只要一发现它，就高兴得手舞足蹈，所以被称为舞茸。

灰树花没有小雨伞的外形，所以它不是伞菌。

灰树花的结构

香菇、平菇等伞菌在子实体的菌盖背面都有一条一条的菌褶，而菌褶里孕育着担孢子，也就是蘑菇的后代。成熟后的担孢子弹射出来，飘落到合适的基质上面，然后继续生长。

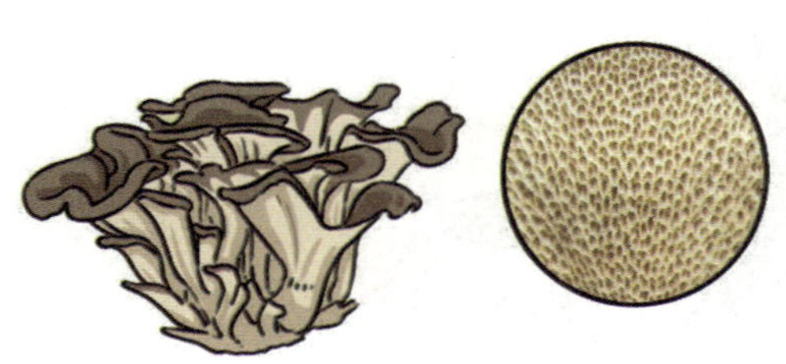

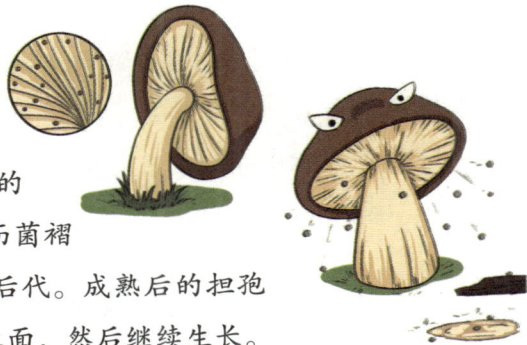

像灰树花这样的多孔菌，是没有菌褶的，它们的担孢子是从菌盖背面密集排列的管孔里面发育出来的，这个结构叫作菌管。

灰树花的子实体肉质，菌柄很短，呈珊瑚状分枝。末端生成扇形或匙形的菌盖，像盛开的花朵一样重叠成丛，呈灰色至浅褐色。灰树花的菌管沿着菌柄向下生长。菌管长 1 ～ 4 毫米，孔面白色至淡黄色，管口呈多角形。

宋代科学家陈仁玉的《菌谱》中有关于灰树花“味甘平、无毒”的记载。1834 年，日本学者本坂浩然的《菌谱》首次从学术角度记载了舞茸，并指出它能够“润肺保肝，扶正固本”“性甘平、无毒、可益寿延年”，这是国际上最早记载灰树花药理价值的资料。

美味的灰树花

野生的灰树花主要分布于中国、日本、朝鲜、英国、法国等国家。

我们都知道菌菇是一类高蛋白、低脂肪，并且具有保健或药用功能的健康食材。而灰树花气味芳香，肉质脆嫩，味道鲜美，营养丰富，还有“一泡可用，久煮仍脆”的特点。

许多烹饪大师都十分推崇用灰树花做各种佳肴，其烹饪的方法也很多，比如炒、烧、炖、冷拼、煲汤等。

不管选择哪种烹饪方式，灰树花都是不可多得的“山珍”级食材。近几年来灰树花逐渐受到大家欢迎，尤其在日本、新加坡等国家非常盛行。

遗憾的是，
我们对这种食用
菌的了解很少。

揭开灰树花的神秘面纱

据中国预防医学科学院营养与食品卫生研究所和农业农村部农产品质量监督检验测试中心检测，干重100g的灰树花中，含有蛋白质25.2g，脂肪3.2g，膳食纤维33.7g，碳水化合物21.4g。干重100g灰树花所含的蛋白质中包括人体所需氨基酸18种18.68g，其中必需基酸占45.5%。灰树花含多种有益的矿物质：钾、磷、铁、锌、钙、铜、硒、铬等。维生素含量丰富，VB1和VE含量约比同类高10～20倍，VC含量是其同类的3～5倍。鲜味氨基酸——天门冬氨酸和谷氨酸含量也较高。

《中国食物成分表》所记载的1358种食物中，灰树花的维生素含量居第二位，仅次于胡麻油。

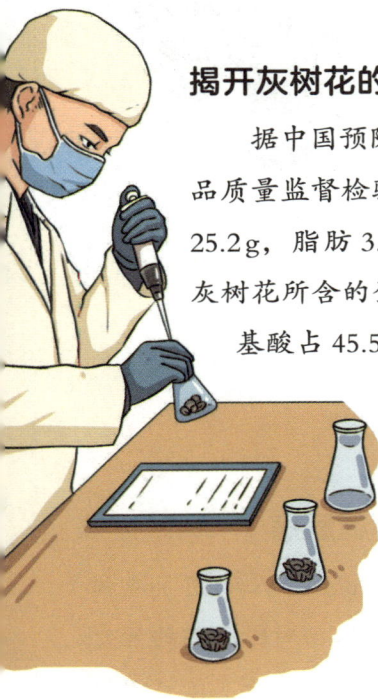

灰树花可抗病毒

在抗病毒方面，日本的国家健康研究所发现，灰树花多糖对HIV病毒有抑制作用，灰树花多糖D组分有助于抑制HIV对T辅助细胞的破坏。

新冠疫情期间，专家就曾推荐过大家多食用灰树花这样有益健康的食用菌，来提高身体抵抗力和免疫力。

灰树花能抗肿瘤

灰树花一方面能直接抑制癌细胞的分裂繁殖，阻止肿瘤的生长，另一方面可以全面调动大量的免疫细胞，靶向攻击肿瘤细胞。

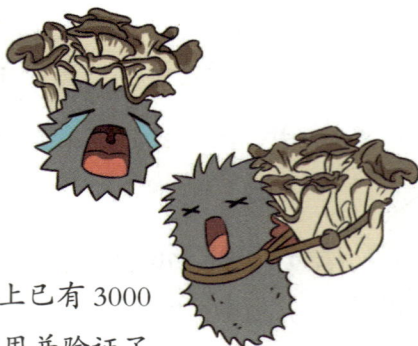

目前在世界上已有3000多名肿瘤医生应用并验证了灰树花的临床疗效；灰树花也被西方国家作为肿瘤治疗的一线临床用药。

灰树花可治疗糖尿病

科研人员Kubo等人研究了灰树花子实体与其提取物对糖尿病的治疗作用，发现口服灰树花子实体可以使遗传型糖尿病小鼠的血糖降低，同时还能降低小鼠血浆中胰岛素和甘油三酯的水平。和传统的药物治疗相比，灰树花没有副作用，对健康人的血糖水平不会产生影响。

灰树花的人工栽培

1975 年，日本对灰树花进行了商业化生产，当时年产量为 300 吨左右。20 世纪 80 年代，日本又对灰树花进行了工厂化栽培，目前日本鲜灰树花的年产量达 1.4 万吨。

我国的灰树花规模化栽培始于浙江省庆元县和河北省迁西县。1985 年，上海市农科院食用菌研究所周永昌在庆元县担任外派技术员时，和当地的吴克甸老先生一同发表了《灰树花栽培技术初报》，这是我国最早关于灰树花大面积栽培成功的报道。现在庆元县灰树花已成为该县仅次于香菇的第二大菌类产业。

河北省迁西县在 1982 年利用当地野生资源进行灰树花驯化栽培获得成功。1992 年，河北省迁西县在当地分离出灰树花菌株“迁西二号”，并研究出灰树花埋土地栽技术。

2012 年，“迁西栗蘑”顺利通过农业部“农产品地理保护标志”审核。2013 年，中国食用菌协会授予河北省迁西县“中国栗蘑之乡”的称号。

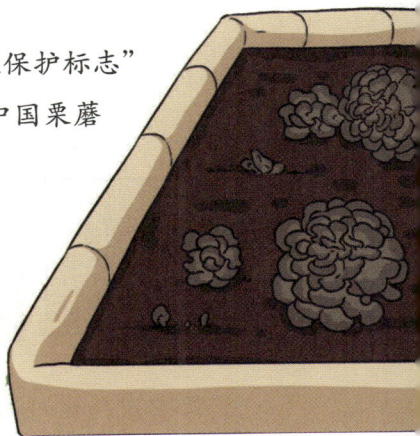

灰树花的栽培模式

根据栽培方式的不同，灰树花栽培可分为袋栽、瓶栽以及覆土栽培三种。

灰树花的栽培具有一定的难度，主要因为灰树花是高需氧量的食用菌。

菌丝培养阶段和原基形成阶段对氧气浓度要求不高，培养环境定期通风换气即可。但在原基开始分化到子实体形成阶段，随着子实体菌盖伸展，需氧量便逐渐增大，而且要求时刻保持空气新鲜，CO_2 浓度要控制在 800 ppm（ppm 指百万分比浓度）以下。

灰树花子实体菌盖一般宽 2 厘米以上，但当环境中 CO_2 浓度偏高，通风不足时，子实体就会出现生长迟缓、不分化，菌盖开片难的情况，甚至会发育成畸形的珊瑚状，并且易遭杂菌污染。灰树花子实体发育过程既需要维持较高的湿度，又要控制 CO_2 浓度和保持通风，怎样处理好这个矛盾是灰树花栽培的关键。

加湿器
随着科研单位和企业对栽培技术不断研究，这些问题都得到了有效解决。

虽然灰树花栽培技术成熟，但人们对其仍然认知不多，不知道怎么买、怎么吃，也不了解它的功效。现在几家知名的电商销售平台上都有灰树花产品的销售，只不过是以舞茸、栗蘑的名称出现。

2.21 “新贵”羊肚菌

羊肚菌因为其菌盖表面凹凸不平，形状酷似羊肚而得名。

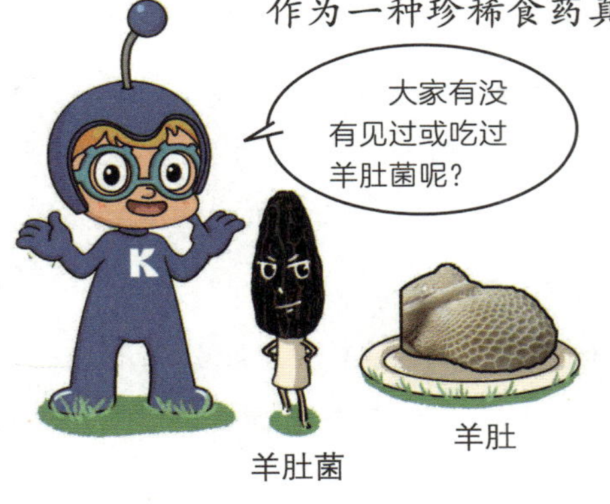

大家有没
有见过或吃过
羊肚菌呢？
羊肚菌
羊肚

作为一种珍稀食药真菌，它属于真菌中的子囊菌门。与黄金一样贵重的松露，也是子囊菌的一种。

羊肚菌是目前人工栽培的最昂贵的食用菌。即使在羊肚菌大批量上市的春季（每年2～3月），鲜品每斤售价也要100多元，干品每斤更是高达600元以上。

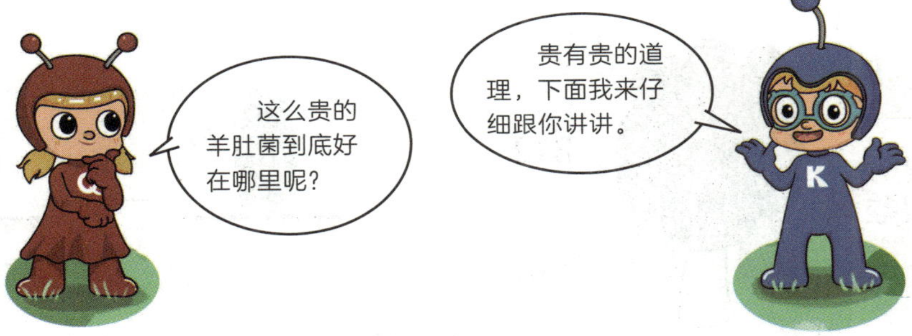

这么贵的
羊肚菌到底好
在哪里呢？
贵有贵的道
理，下面我来仔
细跟你讲讲。

羊肚菌的营养价值

人们认为“高蛋白、低热量”的食品是健康食品，羊肚菌恰好符合这一标准。

羊肚菌干品蛋白质平均含量可达到26.9%，比鸡肉（蛋白质含量23.3%）、牛肉（蛋白质含量19.9%）、猪肉（蛋白质含量16.9%）和鸡蛋（蛋白质含量12.58%）等高蛋白食物的蛋白质含量都要高。

想要食物低热量，首先就得要低脂肪。羊肚菌中含有4种脂肪酸，对身体有益处的不饱和脂肪酸占总脂肪酸的84.4%，如油酸含量为28.4%，亚油酸含量为56.0%，粗脂肪含量为3.82%。

氨基酸的种类和组成是衡量食物营养价值的重要指标之一，同时还会影响食物的风味。羊肚菌共含有19种氨基酸，其中人体必需的8种氨基酸占总量的47.47%。

科学家通过对氨基酸含量的测定，发现了羊肚菌味道极其鲜美的奥秘。氨基酸中只有少数具有鲜味，如谷氨酸、天冬氨酸，其中鲜味最高的是谷氨酸，它占到羊肚菌氨基酸总量的14%，天冬氨酸含量占到羊肚菌氨基酸总量的14%，除此之外还有几种具有甜味的氨基酸含量为25%。

正是因为羊肚菌鲜味和甜味氨基酸占比很高，所以羊肚菌味道才极其鲜美。另外羊肚菌含有几种稀有氨基酸，如a-氨基异丁酸，2,4-二氨基异丁酸，使得羊肚菌与其他食用菌相比较，呈现出了独特的风味。

羊肚菌至少含有8种维生素，其中较高的为B1、B2、B12、烟酸、泛酸、叶酸。羊肚菌还含有20种矿物质元素，其中微量元素中含量最高的是锌和铁。

羊肚菌的药用价值

羊肚菌被收录在李时珍的《本草纲目》中。其对脾胃虚弱、消化不良、痰多气短等症状，都有良好的治疗效果。现代医学研究还表明，羊肚菌有多种药用价值，简单概括为“四抗、一降一增强”的药用功效。

一是抗疲劳。吃羊肚菌可以抵抗疲劳，消除疲劳。研究显示食用羊肚菌后，血红蛋白、肝糖原含量均明显增加，运动后血乳酸和尿素氮中氮含量均显著降低。

二是抗肿瘤。研究发现羊肚菌多糖成分可以对多种肿瘤细胞有抑制作用。

三是抗氧化。羊肚菌多种提取物具有清除自由基的作用，也具有较强的抗氧化活性。

四是抗菌。羊肚菌多糖对大肠杆菌、金黄色葡萄球菌、枯草芽孢杆菌都有较强的抑制效果。

“一降一增强”。“一降”为降胆固醇，羊肚菌因为含有较高的不饱和脂肪酸，因此具有降低高密度脂蛋白胆固醇和血清总胆固醇的作用。“一增强”是指羊肚菌可以提高巨噬细胞吞噬能力，从而增强免疫能力。

羊肚菌的人工栽培

羊肚菌长期以来都是人们喜爱的食用菌，在市场上供不应求。因此羊肚菌的人工栽培研究也一直是真菌学家积极探索的热门课题之一。

早在一百多年前，法国就对羊肚菌进行了人工栽培驯化。此后各国真菌学家从羊肚菌的分布、分类、生态到栽培都做了大量的研究工作。

我国人工栽培羊肚菌较晚，最早可追溯到 1983 年。人工栽培羊肚菌按照不同的栽培模式可分为仿野生栽培、林下仿生栽培、菌根化栽培和目前应用最为广泛的营养袋栽培模式。

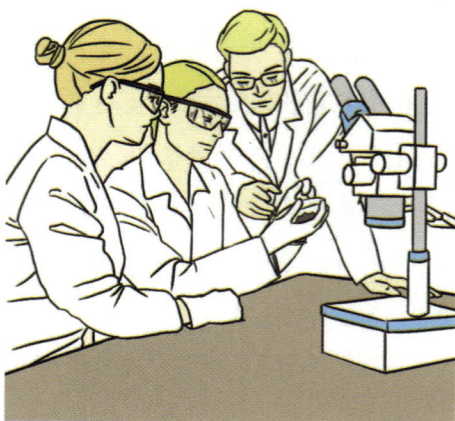

仿野生栽培

林下仿生栽培

菌根化栽培

近十年来，因为营养袋栽培模式的成功和栽培技术的日益成熟，我国羊肚菌栽培种植区域不断扩大，羊肚菌已经成为近年来食用菌中发展最快的品种之一。

羊肚菌栽培有菌种制备、整地播种、营养袋添加、保育催菇、出菇管理和采收干制六个主要环节。

羊肚菌和传统食用菌栽培技术最大的不同之处在于其菌种是撒在土壤里的，再通过添加以麦粒为主要成分的营养袋提供营养。出菇时，乍一看羊肚菌像植物一样长在土里，实际作为异养生物，土壤只是它的支撑物，它吸收营养袋里的营养，并通过菌丝网络将营养储存到土壤中的一个个“营养蓄水池”（即菌核）中，等到外部环境条件合适的时候，就将“营养蓄水池”中的营养输送给地面的羊肚菌，供其长大。

羊肚菌喜欢腐殖质含量丰富的土壤，适宜在18℃以下的低温环境生长，空气和土壤湿度接近饱和的环境有利于羊肚菌的生长和产量的提高。

上海市农科院食用菌所的研究团队通过对羊肚菌栽培技术的研究开发，在上海对口援建的果洛藏族自治州3500米海拔的青藏高原，成功实现了羊肚菌具有商业化价值的人工栽培，为当地藏族同胞脱贫致富提供了新途径。由于水、土壤都处于原生态，这里栽培出来的羊肚菌天然无污染，品质很高。

以蛋白含量为例，高原干品羊肚菌蛋白质含量超过了30%。青藏高原常年低温，高原羊肚菌栽培时间是3月份播种，六七月份出菇，相对平原地区正好是反季节出菇，可以获得更好的收益。

用羊肚菌制作的美味菜肴

我国食用羊肚菌的时间较早，明代潘之恒的《广菌谱》、清朝袁枚的《随园食单》以及薛宝辰《素食说略》都有羊肚菌食用的记载。

由于过去羊肚菌多为野生，而且生长在偏远的山区，所以传统的羊肚菌多以干品销售为主。羊肚菌经烘干，储藏保质时间可以延长，而且经过烘焙后，可以显著增加它的香气。

干羊肚菌最经典的菜肴就是羊肚菌炖鸡。干羊肚菌首先要用温水泡发，泡发的水温以40℃～50℃最佳。这样能保留羊肚菌的香味，而且能保证其脆滑的口感。将泡发后的羊肚菌和鸡汤一起炖，炖好后调味即可。羊肚菌鸡汤具有益肠胃、助消化、化痰理气的功效，老少皆宜。

随着人工栽培羊肚菌的成功，鲜品羊肚菌在市场中也可以买到。每年的二三月份是新鲜羊肚菌大量上市的季节。新鲜羊肚菌疏松多皱的质地，适合与多种食材搭配，其中简单美味的菜肴就是羊肚菌酿肉和羊肚菌蒸蛋。

羊肚菌酿肉的做法就是将调好味的肉糜填充到中空的羊肚菌中，再放到蒸锅上蒸熟即可。而羊肚菌蒸蛋就更简单了，将新鲜羊肚菌洗净、切成合适大小，加入到调好的蛋液中，上蒸锅蒸熟，出锅后加入少量调味酱油，就可以食用了。

作为菌中珍品，在不少高档西餐中，羊肚菌常与鹅肝、牛排搭配，也成为了美食家的饕餮佳选。

羊肚菌酿肉
羊肚菌蒸蛋
哇，那周末我们一起去餐厅品尝一下吧！
嗯，中西方烹饪羊肚菌真的是各有千秋，有机会大家可以都尝试做一下哦！

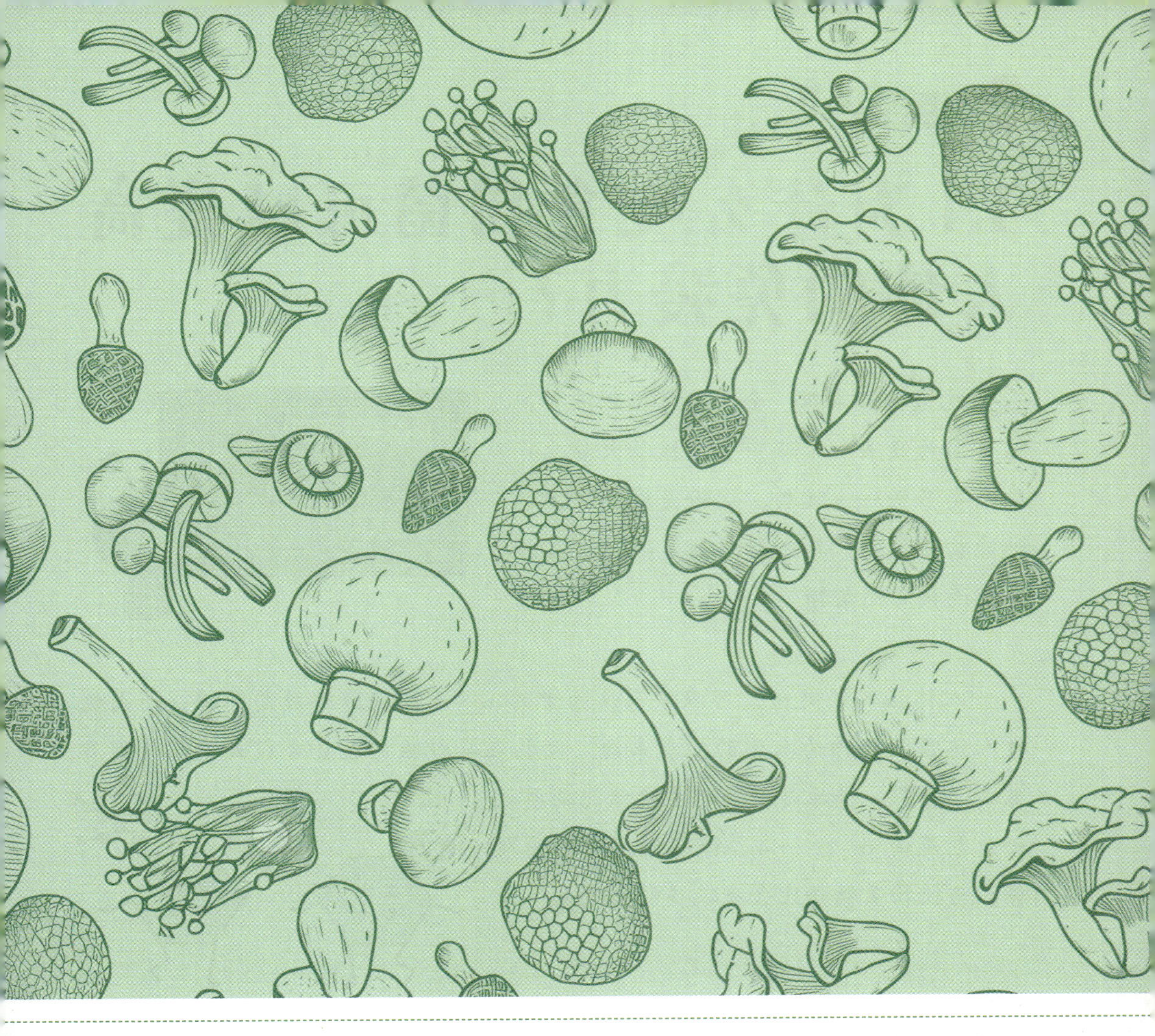

第三章

食用菌的价值功效

3.1 为什么吃食用菌可以提高人体的免疫力？

吃馒头或米饭，会给身体提供能量，这是因为馒头和米饭中含有植物大量生产的一类多糖——淀粉。淀粉是植物主要的储能物质之一，其次是由 α - (1 → 4) - 糖苷键连接的葡聚糖。

人体摄入的淀粉，可以被人体的中的 α -淀粉酶降解成葡萄糖，葡萄糖被人体吸收后作为人体的能量来源。动物在其肝脏内也会合成大量的一类多糖——糖原。糖原是动物的主要储能物质之一，也是由 α - (1 → 4) -糖苷键连接的葡聚糖，与植物多糖相比含有较多的支链。

食用菌也会产生大量的一类多糖——胞壁多糖。胞壁多糖是食用菌细胞壁的组成成分，是由 β -(1 → 3) -糖苷键连接的葡聚糖。

食用食用菌后，其细胞壁上的 β - 葡聚糖不能被人体分解成葡萄糖，其片段被吸收后可被人的免疫系统识别，产生激活人体免疫力的效果。

对抗真菌侵害的免疫防御机制

如何确定人体是否被致病真菌（如念珠菌）感染呢？测定血液中的 β-1,3 葡聚糖含量即可。因为在消灭念珠菌等致病真菌时，人体的免疫系统中的巨噬细胞等免疫细胞会把致病真菌吞入并消化分解掉，在致病真菌细胞壁被分解过程中，会产生 β-1,3 葡聚糖的片段。免疫系统的特定细胞会把 β-1,3 葡聚糖呈现给 B 细胞，而 B 细胞会对具有特殊结构的 β-1,3 葡聚糖产生记忆。下次再碰到 β-1,3 葡聚糖时，人体的免疫系统就会被快速激活，抵抗真菌的侵害。

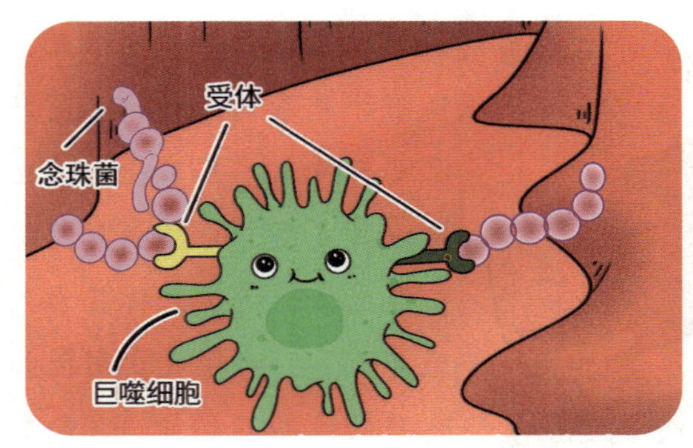

现代科学研究已经证实，在人体的巨噬细胞、树突细胞、B 细胞、T 细胞等免疫细胞的表面都有专门识别 β-1,3 葡聚糖的受体，用于识别有害真菌，以消除真菌对人体的危害，这是人类在长期与真菌共存过程中进化出来的对抗真菌侵害的免疫防御机制。

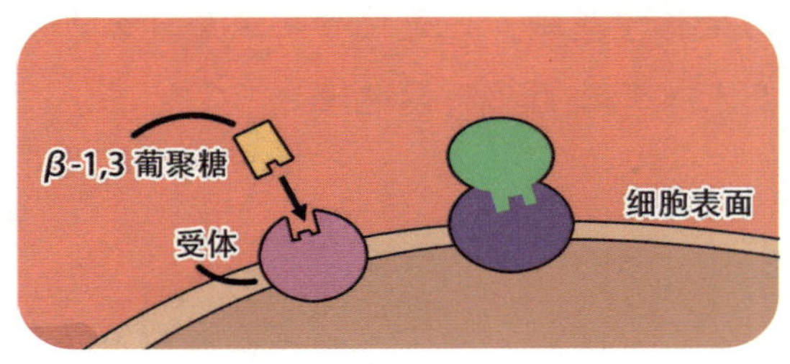

为什么吃食用菌可以提高人体的免疫力？

食用菌看上去很像植物，体型很大，与只能在显微镜下才能看到的致病真菌好像没有关系。其实食用菌也是一种真菌，与致病真菌是一类生物，科学上称其为大型真菌。因此组成食用菌细胞壁的结构多糖β-1,3葡聚糖与致病真菌的β-1,3葡聚糖结构是相似的。

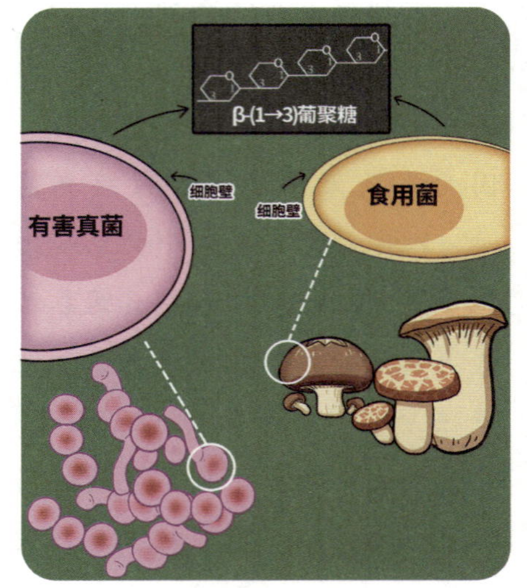

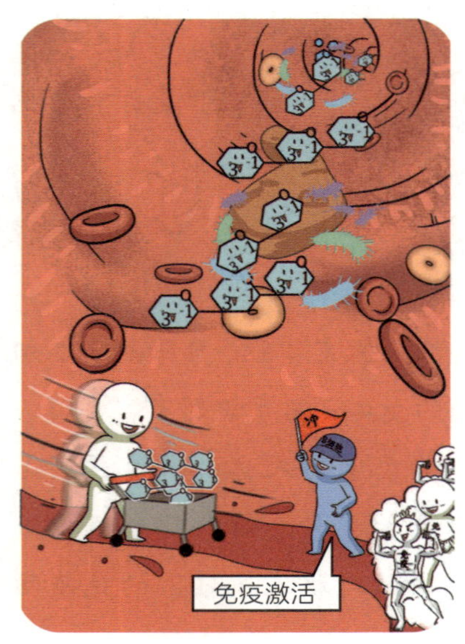

食用菌在被人体摄入后，会在小肠中被肠道微生物分解，产生不同大小的β-1,3葡聚糖的片段。这些片段会通过小肠细胞的胞饮作用，被转运到人体的血液中。当β-1,3葡聚糖遇到B细胞时，就会刺激人体的B细胞开启一系列的免疫反应，从而激活人体免疫系统。这就是食用菌多糖提高人体免疫力的生物学基础，也是吃食用菌为什么可以提高人体免疫力的科学道理。

所以说，在生活中多吃食用菌以提高人体的免疫力是有充足的科学依据的。

3.2 菌菇中的生物反应调节剂——β-葡聚糖

菌菇营养丰富、味道鲜美，富含多糖、核苷、萜类和甾醇等功效成分。它们不仅能促进人体新陈代谢、增强人体免疫机能，还能间接或直接地抑制肿瘤生长，并具有抗病毒、降血脂、抗过敏、保肝等功能。

β-葡聚糖是什么？

多糖是食用菌最主要的成分之一，尤其β-葡聚糖是国际上公认的活性多糖，常被视为一种生物反应调节剂 (biological response modifier，BRM)，其可全面调节人体生命活动的平衡。

菌菇中的 β-葡聚糖不同于一般的糖

常见淀粉、肝糖等的分子结构主要为 α-(1 → 4)-糖苷键连接的葡聚糖，可以被人体内的 α-淀粉酶降解，作为能量物质被吸收利用。燕麦和大麦等谷物中常见的 β-葡聚糖主要是以 β-(1 → 3,1 → 4)-糖苷键连接的葡聚糖，因不能被淀粉酶降解，可作为膳食纤维调节机体的代谢功能。

菌菇中的 β-葡聚糖主要以 β-(1 → 3)-糖苷键连接为主体，且含有一些 β-(1 → 6)-糖苷键的支链，正因为这种独特的连接方式和分子内氢键的存在，使它常以一种三股螺旋链的三维立体结构形式存在，这种独特的构型很容易被免疫细胞表面的受体识别，通过激活免疫细胞产生抗体、促进细胞因子的分泌、调节细胞内信号分子的浓度水平等提

高机体的免疫功能，从而全面调节人体机能，抵抗疾病。

菌菇中的 β-葡聚糖除具有很好的免疫调节功能外，在功能食品中还发挥了降血糖、降血脂、保肝、抗炎、抗病毒等多种功用。目前，上海市农科院食用菌所已经培育出富含 β-葡聚糖的灵芝新品种“沪农灵芝 4 号”，并发明了可以大量制备高纯度灵芝 β-葡聚糖的专利技术，结构研究显示该多糖为支链和主链比例为 1∶3的 β-(1 → 3, 1 → 6)-葡聚糖，具有很好的增强免疫和抗肠炎功效。后续他们将强化这类多糖的新产品研发，使其在增强人体健康中发挥更好的作用。

3.3 食药用真菌中的大担当——萜类家族

萜类化合物是自然界中数量最多的一类化合物，其来源广泛，作用多样。从芳香植物中提取的令人精神愉悦的萜烯类精油，到药用植物中分离的治病救人的三萜类皂苷，均是萜类大家族中的成员。在我们日常食用的蘑菇中，或者是当作保健食品服用的药用真菌中，也能看到萜类物质的身影，而且这些萜类物质还是保健功能的大担当呢。

Essential Oil
人参皂苷是最常见的一种三萜皂苷。

萜烯类精油

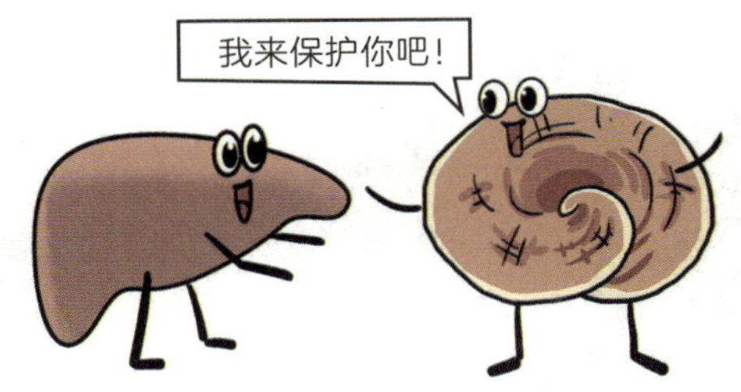

我来保护你吧！

大名鼎鼎的药用真菌灵芝，萜类化合物一直是其发挥保肝、抗炎、抗病毒和降低胆固醇作用的主要活性成分，其中羊毛甾烷型三萜化合物的种类达到300多种。

赤芝作为《中国药典》规定使用的灵芝种，其子实体中的灵芝酸A、B等化合物含量高，抗炎活性好，而赤芝菌丝体中的灵芝酸T抗肿瘤活性优异，正被研究开发用作抗肿瘤药。萜类物质又称苦味素，赤芝中的三萜化合物尤其如此。研究证实，赤芝中的一些三萜化合物所具有的特殊立体结构，使其极易进入苦味受体膜的脂质双分子层的非极性区域，从而引发苦味的感觉。人们常常通过苦味的强烈程度来评价赤芝的品质优劣。

食药两用猴头菇

科学家从食药两用的猴头菇中，发现了一系列的鸟巢烷型二萜类化合物猴头菌素 A、B、C 等，此类化合物有着很强的促进神经生长因子合成的作用。猴头菇不仅是治疗胃肠道消化系统疾病的良药，更是可以保护神经、延缓衰老的抗衰“明星”。

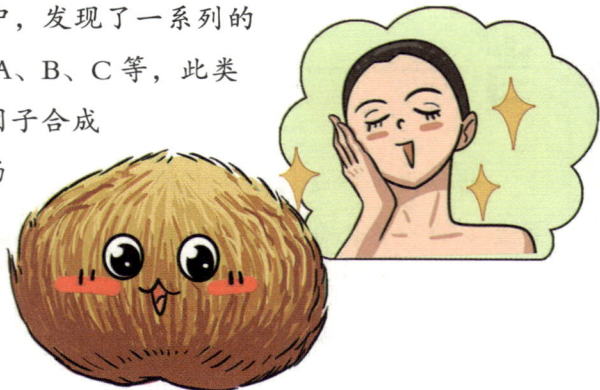

食用菌发酵产物

在一些食用菌的发酵产物中也发现了萜类物质的存在。金针菇作为我国食用菌产业中的大宗品种，是大家在涮火锅时必点的上好食材。作为生产过程中的副产品，科学家在金针菇的发酵菌丝体中发现了侧柏烷型、桉叶烷型等多种类型的倍半萜类化合物。这些化合物中，有些具有很强的抗菌活性，有的具有开发为抗肿瘤药的潜力。

由此看来，萜类化合物不但是药用真菌中的重要成分，更是食用菌产业中副产物高值利用的开发对象。希望更多的科研工作者投入萜类物质的研究开发，助力食药用菌大健康产业的可持续发展。

3.4 “压力山大”怎么办？天然解压剂“嘎巴”来帮忙

失眠、焦虑、常常感到“压力山大”，是许多现代人面临的问题。如果身体长期处于压力之下，各种不良状况就可能接踵而至，如抑郁情绪滋生、免疫力下降等，甚至会影响心脑健康。除了养成良好的作息习惯、保持适量运动之外，食物中的天然解压剂也可以帮助我们对抗压力。现在，就向大家介绍一种小分子天然解压剂——“嘎巴”。

“嘎巴”的发现史和功能

“嘎巴”是什么？它是一种天然的非蛋白质氨基酸，全称为γ-氨基丁酸，简称GABA，没错，谐音就是“嘎巴”。

1949年，科学家首次在马铃薯中发现“嘎巴”。1950年，科学家们又在哺乳动物脑内检测到高浓度“嘎巴”。1975年，“嘎巴”被确认为哺乳动物神经中枢的重要抑制性递质，能够起到镇静、舒缓的作用。其作用机制是通过与神经元上的“嘎巴”受体结合，引起细胞膜去极化，从而影响神经元兴奋性，促进抑制性神经递质的释放。当人体缺乏“嘎巴”时，容易出现焦虑、不安等情绪。随着科学研究的深入，科学家们发现“嘎巴”还具有多种生理活性，包括改善睡眠、抗焦虑、调节免疫力、降低血压和血糖等。近年来，“嘎巴”在肿瘤免疫治疗和延缓皮肤细胞衰老方面的功能也引起了广泛关注。

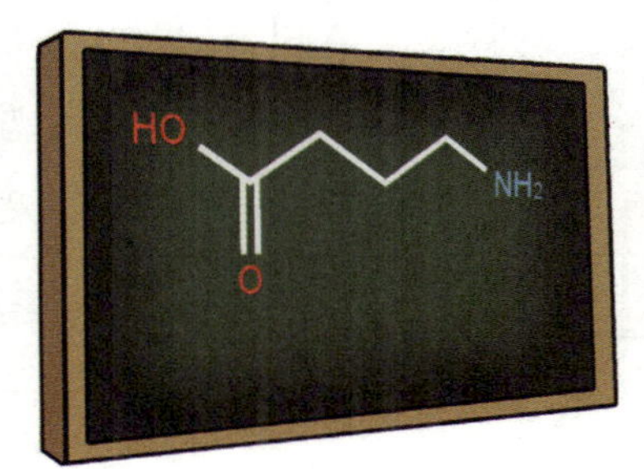

食用菌中的“嘎巴”含量

尽管人体可以自身合成“嘎巴”，但随着年龄增长和精神压力增大，“嘎巴”的合成效率会逐渐降低。长期处于高压环境的人群，如运动员、上班族、考生等，都容易缺乏“嘎巴”，这就需要通过膳食进行补充。日常饮食中，“嘎巴”广泛存在于谷物胚芽、果蔬、鱼类和豆类中，而食用菌中的“嘎巴”含量尤为丰富。

科学家们对比常见的食用菌，发现人工栽培的金针菇“嘎巴”含量最高，为229.7 mg/kg（干重），其次是双孢蘑菇和真姬菇，二者的“嘎巴”含量均在100～200 mg/kg（干重）。野生食用菌中，牛肝菌的“嘎巴”含量最高，也超过了200 mg/kg（干重）。人工栽培的食用菌产量高、安全性好、购买方便，是理想的“嘎巴”膳食补充来源。

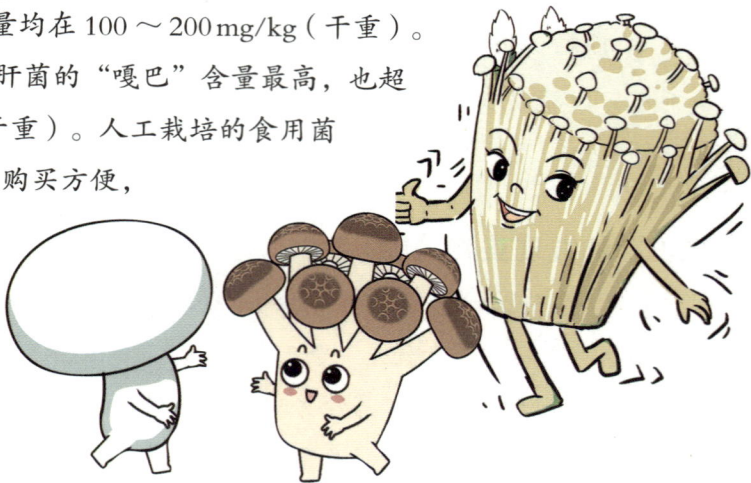

科技提升食用菌的健康品质

金针菇高“嘎巴”特性引起了科学家的重视。通过筛选优质种质资源并优化栽培技术，研究人员成功将其“嘎巴”含量提升至文献报道值的近20倍。这意味着，我们仅需食用75克的高“嘎巴”型金针菇，即可满足身体每日“嘎巴”的需求。而这75克金针菇所提供的“嘎巴”总量，相当于2颗经过基因编辑的强化型番茄，堪称天然“解压法宝”。

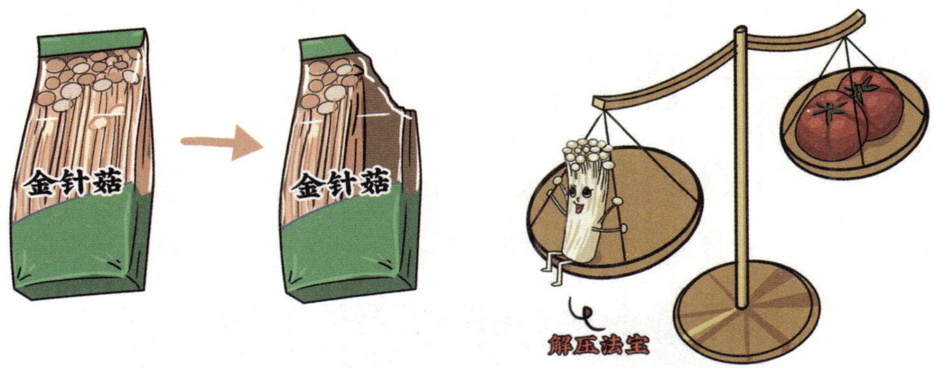

“悠悠万事，吃饭为大”。“大食物观”对农业育种提出了更高要求：既要保障“量”的供给，也要实现“质”的升级。未来，期待更多营养强化的食用菌产品走进千家万户，让人们吃得更健康、更解压，享受舌尖上的幸福。

3.5 食药用真菌中的潜力股——甾醇

甾醇是以环戊烷多氢菲为基本骨架，并含有羟基的一类化合物，广泛存在于生物体中，按来源可分为动物甾醇、植物甾醇和菌类甾醇。

植物甾醇与菌类甾醇的优势

胆固醇是常见的动物甾醇，过量摄入会导致高胆固醇血症。胆固醇水平升高与心血管疾病如动脉粥样硬化、静脉血栓形成及胆石症等密切相关。相比之下，植物甾醇和菌类甾醇能够抑制胆固醇的吸收，对心血管健康具有保护作用，是维护人体健康的重要活性成分。

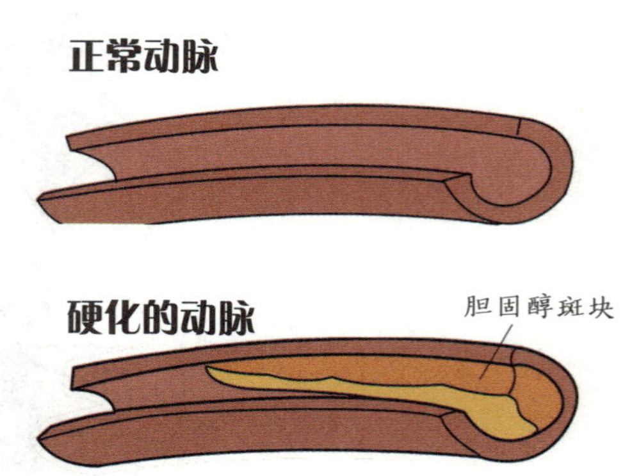

在真菌中，甾醇类化合物种类较植物更多，且多为C28结构，其中最主要的是麦角甾醇及其衍生物。作为真菌细胞膜的重要组成成分，麦角甾醇是真菌甾醇家族中的核心成员，以其为基础衍生的麦角甾类化合物是真菌区别于动植物的特征性成分。

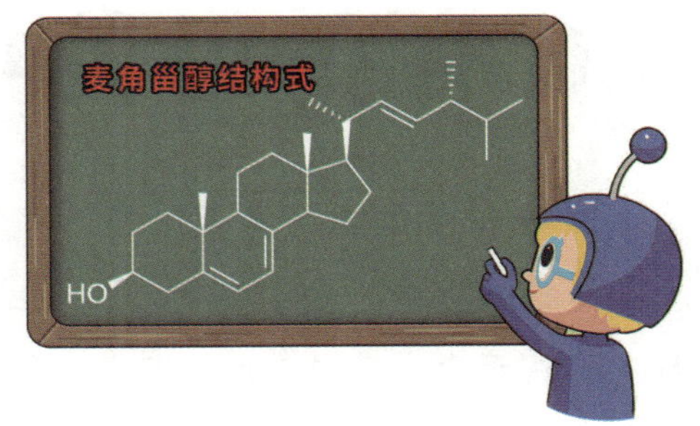

食用菌中的甾醇类化合物

多种食用菌如灵芝、猴头菇、冬虫夏草、牛肝菌等都含有丰富的甾醇类化合物。以灵芝为例，其子实体和孢子粉中甾醇含量较高，仅麦角甾醇含量就能达到千分之二左右。麦角甾类化合物具有多种生物活性，如抗肿瘤作用、免疫调节功能、抗氧化效果、抗炎特性、抑菌能力等。通过结构修饰，麦角甾类化合物可转化为多种甾体类药物，目前已广泛应用于医药、食品、化妆品、动物生长剂、植物生长激素以及化工、纺织等多个领域。

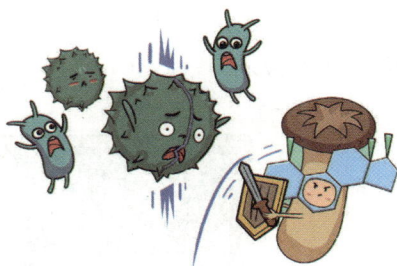

作为营养丰富的健康食品，食用菌的子实体和发酵菌丝体都是获取甾醇类成分的优质来源。这类活性成分对健康的保护作用不容忽视。

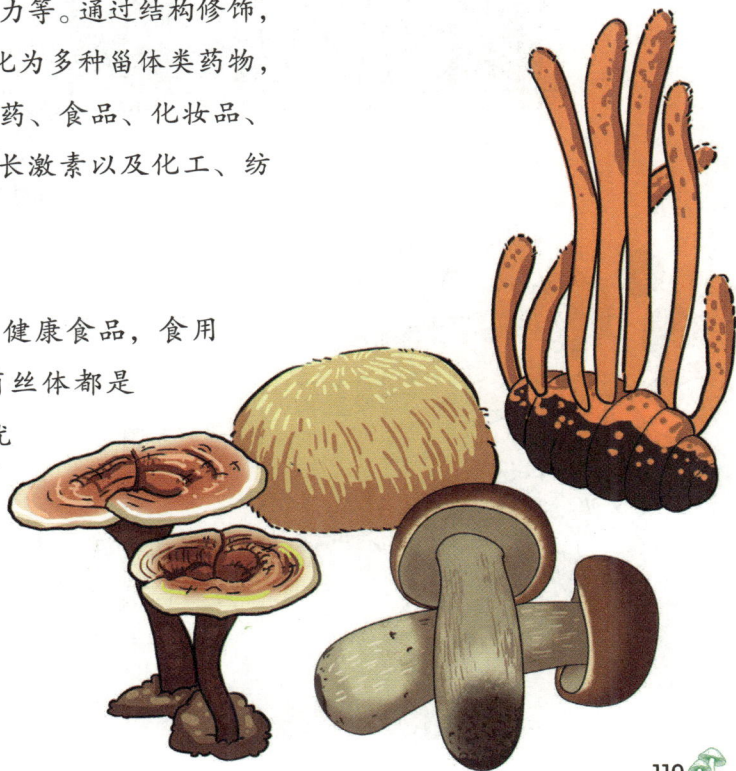

3.6 食药用菌中的核苷类成分

核苷在动植物、真菌中广泛存在。它是一类糖苷的总称，是生物细胞维持生命活动的基本组成元素，参与 DNA 代谢过程。核苷的基本骨架由五碳糖（即核糖或脱氧核糖）和碱基相连，根据碱基类型可分为天然来源的嘧啶核苷、嘌呤核苷、其他核苷衍生物和人工合成的核苷类似物。

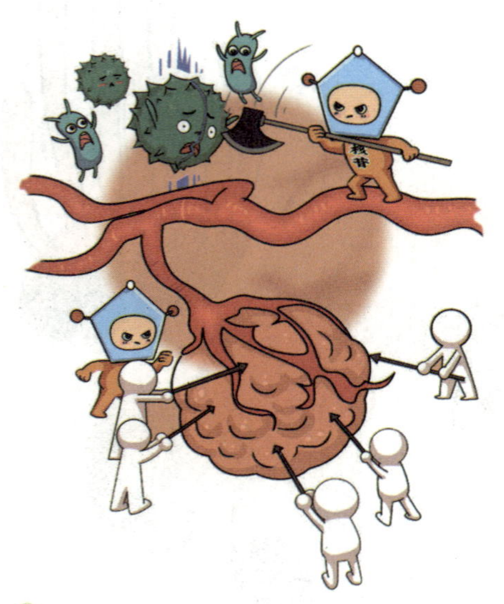

核苷的功效

核苷及其类似物和衍生物具有抗病毒、抗肿瘤、提高免疫、调节脂质代谢等多种生物活性，在医药领域已有广泛的应用。除了含有食物中常见的腺苷、尿苷、嘌呤等核苷类成分外，食药用菌中还含有多种核苷类成分。

虫草素

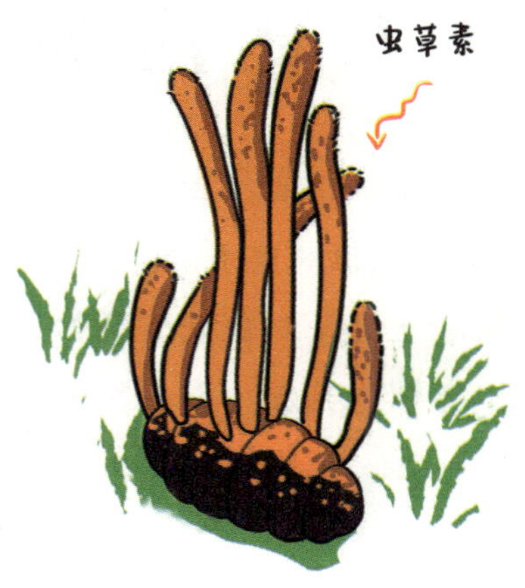

虫草素是虫草中特有的天然腺苷类似物即3’–脱氧腺苷，这是首个从真菌中得到的核苷类抗菌素。

1951年，德国科学家Cunningham等人首次从蛹虫草发酵液中分离获得虫草素后，其富集制备技术和保健治疗功效一直备受关注。研究表明，虫草素具有广谱抗菌效果，还可以利用其自身与腺苷分子的代谢相似性来影响人体生物系统，从而发挥强大的抗病毒和抗肿瘤活性。此外，虫草素还具有免疫调节、抗炎、抗氧化以及阻止肺纤维化等多种功能。

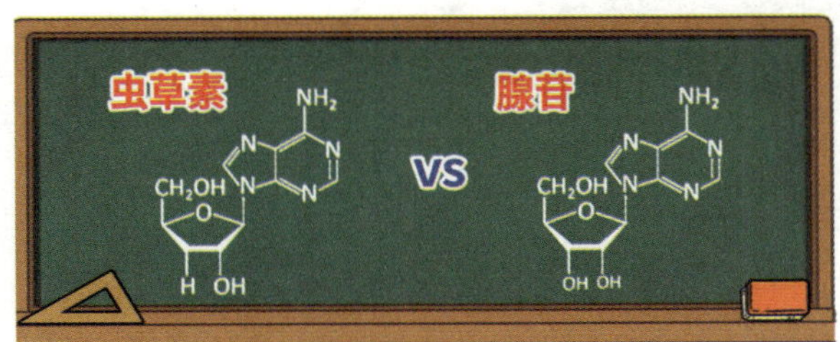

香菇嘌呤与灵芝中的腺苷衍生物

香菇嘌呤是日本学者Kaneda和Tokuda在20世纪60年代中期从香菇中提取获得的另一类香菇中特有的核苷类成分，具有很好的降血脂功效。

灵芝含有多种腺苷衍生物。这些成分能降低血液黏度，提高血液对心脑的供氧能力，在预防心脑血管疾病方面发挥着显著作用。

3.7 食用真菌蛋白

食用真菌蛋白是来源于真菌（包括蘑菇、发酵产品等）的蛋白质，其营养丰富，滋味鲜美。随着现代消费者饮食结构的变化，如口味多元化、低脂健康、轻食主义、环保主义等都影响了食品的发展趋势，食用真菌及其蛋白产品近两年备受关注，为消费者提供了新的选择。

食用真菌中有多少蛋白质？

研究表明，包括野生食用蘑菇在内的食用真菌，其蛋白质含量占干物质的 10%～63%。市场上常见的栽培食用真菌的蛋白质含量大约为干物质的 15%～30%。从营养学角度来看，食用真菌蛋白质含有人体所需的全部必需氨基酸（即人体无法合成，必须从膳食中获取的氨基酸）。需要注意的是，新鲜蘑菇含水量高，会稀释蛋白质浓度，而在食用真菌干品和蛋白加工食品中，蛋白质含量更为丰富。

食用真菌蛋白有哪些特点?

与蔬菜相比，食用真菌作为一种微生物食材在餐饮文化中独具特色，其蛋白质具有以下显著特点：

(1) 风味特性突出。谷氨酸、天冬氨酸和风味肽含量高，具有天然的鲜味。真菌蛋白风味中性，质地和黏稠度适宜，适合开发新蛋白零食、菌物肉、菌物海鲜等产品。

(2) 营养价值高。必需氨基酸组成与植物蛋白具有互补性：含硫氨基酸丰富，可与含硫氨基酸相对较低的豆类和豆制品搭配食用；赖氨酸含量高，可与赖氨酸含量低的谷物搭配食用。

(3) 安全性高。实现周年化生产，不受动物疫病影响，且过敏反应极少，食品安全性显著。

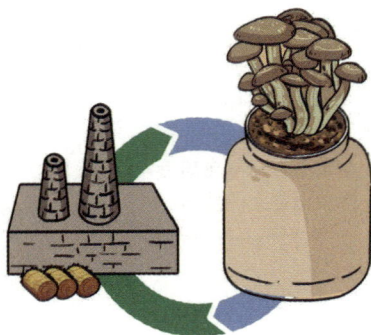

(4) 资源高效。食用真菌生产集约化，土地利用率高，并能将工农业下脚料中的氮源转化为优质蛋白，契合绿色经济与可持续发展需求。

食用真菌蛋白有哪些研究成果？

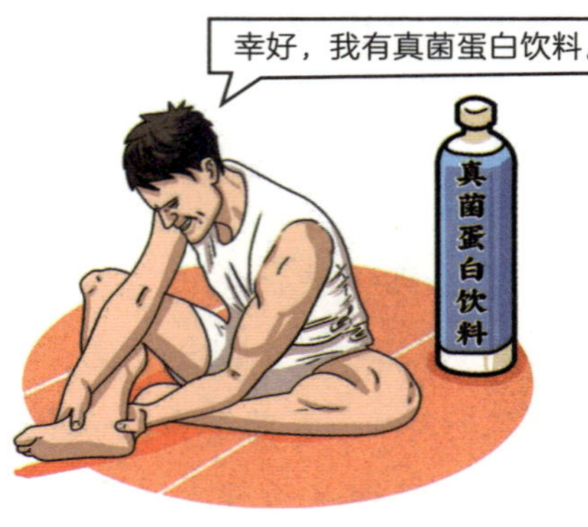

幸好，我有真菌蛋白饮料。
真菌蛋白饮料

作为新蛋白领域的热门产品，食用真菌蛋白的研发主要有两个方向：营养补充剂和替代动物蛋白。

美国《临床营养》杂志报道，真菌蛋白饮料能促进青年男性的骨骼肌生成和心肌细胞信号传导，可支持急性运动后组织重塑。

从真菌中还分离出具有免疫调节活性和抗炎活性的蛋白。食用真菌蛋白已被用于开发制作菌物肉、菌物海鲜、蛋白饮料及蛋白粉等产品。

英国生产的食用真菌蛋白粉可以用于肉糜、汉堡肉、香肠和蛋白饮料制作，目前已在全球 15 个国家销售。

美国公司开发了含有高品质蛋白质、无抗生素、激素和填充剂的食用真菌海鲜产品，还推出了高蛋白质、不含脂肪或饱和胆固醇、质地接近鸡肉的真菌肉块。

瑞典也推出了高蛋白质、高纤维、低热量、低脂肪的食用真菌蛋白。

让我们一起期待它们
在未来食品高质量发展中
释放出更大的能量！

3.8 不可小觑的菌物多酚

水果和蔬菜含有丰富的多酚类物质，这些物质不仅赋予果蔬缤纷的色泽，还具有抗氧化、抗炎、抗衰老等功能。

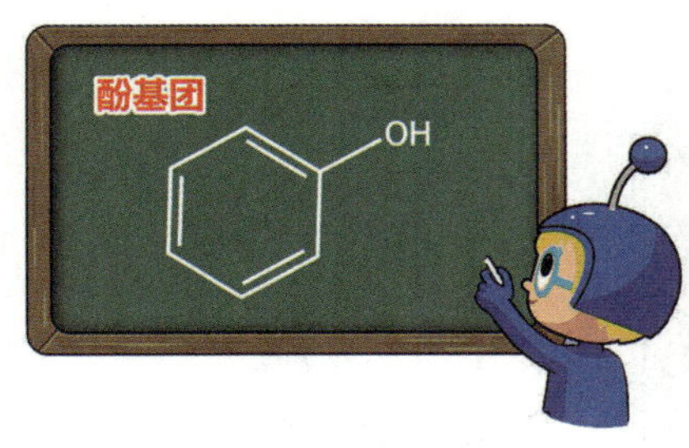

菌物多酚的结构与特性

酚类物质是食用菌生长过程中产生的一类具有生理功能的次级代谢产物。与植物多酚类似，菌类多酚由一个或多个芳香环和羟基基团构成，属于芳香族羟基衍生物，结构类型包括酚酸类、黄酮类、芪类、木酚素等，其中酚酸类是含量最丰富的分支。

颜色较深的菌菇（如香菇、牛肝菌、羊肚菌、黑木耳）的色泽与其多酚类物质（尤其是结合酚）密切相关。而颜色浅的蘑菇（如白蘑菇）同样含有酚类物质，新鲜白蘑菇在储存或切片后容易发生褐变，正是由于多酚类物质在多酚氧化酶的作用下被氧化为邻苯醌，进而聚合形成褐色素。因此，建议新鲜蘑菇尽快食用，避免切片后长时间置于空气中。

菌物多酚的存在形式

菌物中的多酚类化合物分为游离酚和结合酚两类，其中游离酚是不与其他大分子发生相互作用的酚类化合物；结合酚则是与肽、寡糖等低分子化合物结合的可溶性结合酚，以及与细胞壁聚合物结合的不溶性结合酚。许多食用菌多糖的抗氧化活性源于结合酚的作用，而纯多糖本身抗氧化能力较弱。

菌物多酚的作用

菌物多酚跟植物多酚一样具有很多的生物活性作用，最突出的就是抗氧化作用，有抑制氧化酶系、激活抗氧化酶系、清除自由基及结合金属离子等多种途径。如羊肚菌、美味牛肝菌和姬松茸的抗氧化活性主要依赖其多酚（尤其是结合酚）。此外，菌物多酚还具有抗病毒、降血糖、抗炎、抑菌和抗肿瘤等生物活性。如双孢蘑菇、松乳菇和鸡油菌的乙醇提取物因富含酚酸类化合物而表现出显著抗炎活性。

菌物多酚常与多糖形成复合物，协同发挥抗病毒和降血糖作用。这些复合物可通过结合细胞受体调控以及细胞因子表达影响活性氧水平。

糖尿病患者体内自由基水平升高，易引发并发症，而桦褐孔菌、桑黄、鸡腿菇和猴头菌中的多酚－多糖复合物可通过清除自由基改善血糖代谢。

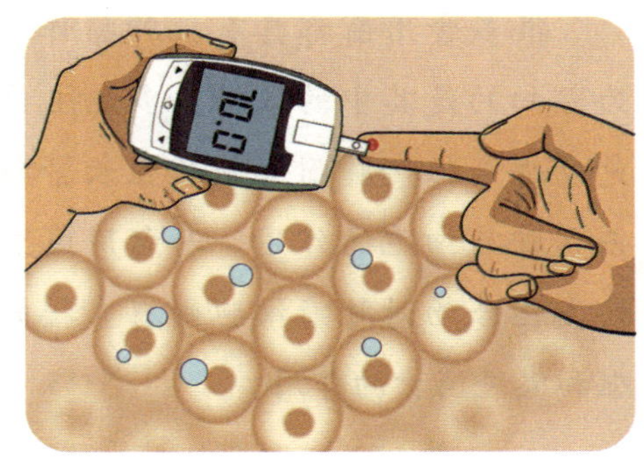

菌物多酚与抗肿瘤

目前已发现了8000多种酚类物质，按结构可分为酚酸类、黄酮类、1,2-二苯乙烯类和木酚素类。菌物多酚的抗肿瘤作用主要与黄酮类、吡喃酮类及苯型烃类化合物相关，例如灰树花中的香豆酸、咖啡酸、羟基白藜芦醇，桑黄中的原儿茶醛、柚皮素、香豆素、吡喃酮类，樟芝中的苯型烃类化合物。这些菌物多酚均具有显著的抗肿瘤活性。

很多食用菌都具有抗肿瘤作用，我们最为熟知的是其中的多糖。多糖主要通过提高免疫力来抵御肿瘤细胞的生长繁殖，有间接杀伤肿瘤细胞的作用。而食用菌里含有的多酚类化合物对肿瘤细胞则有直接的杀伤、自噬和促进消亡的作用。

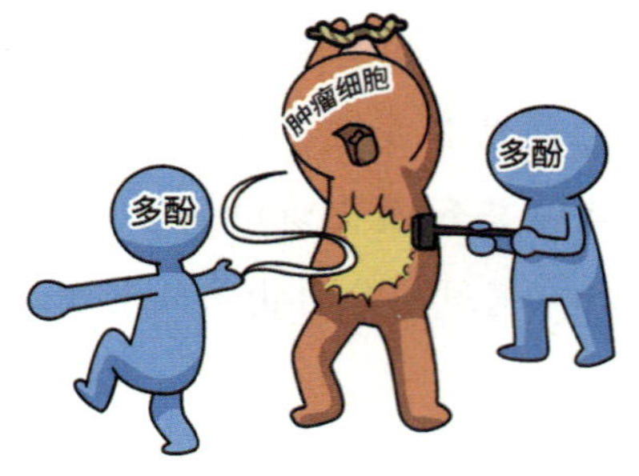

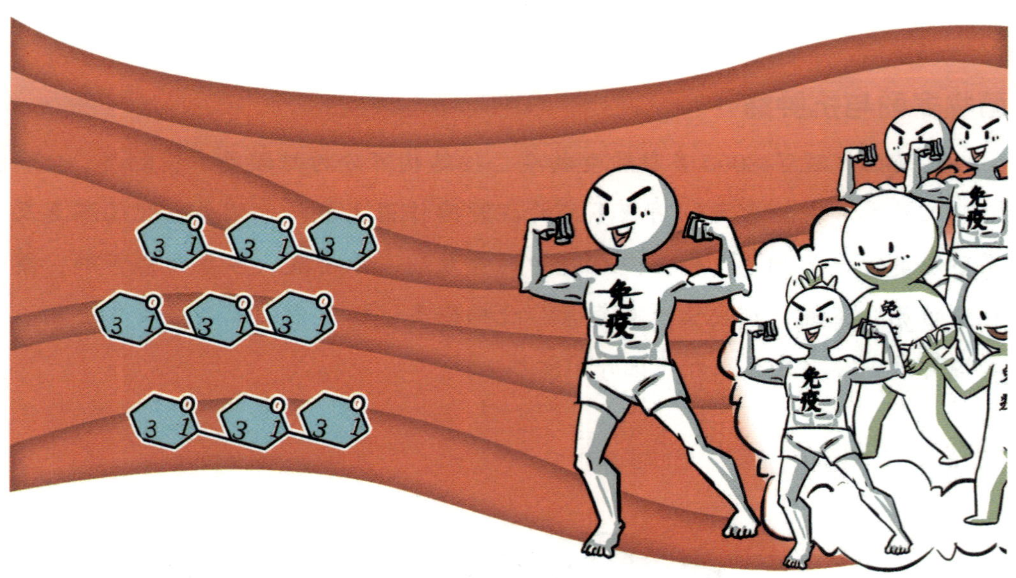

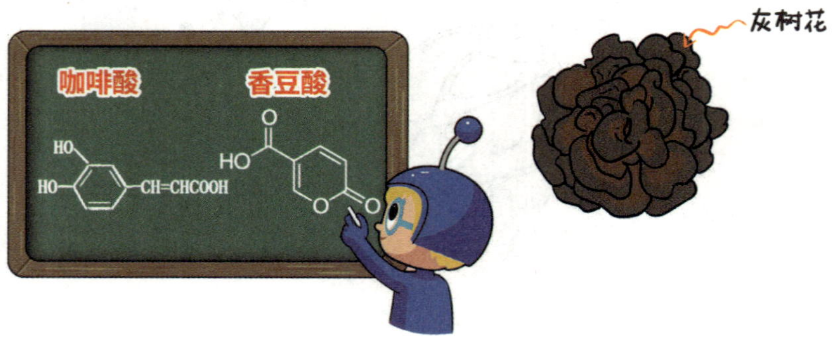

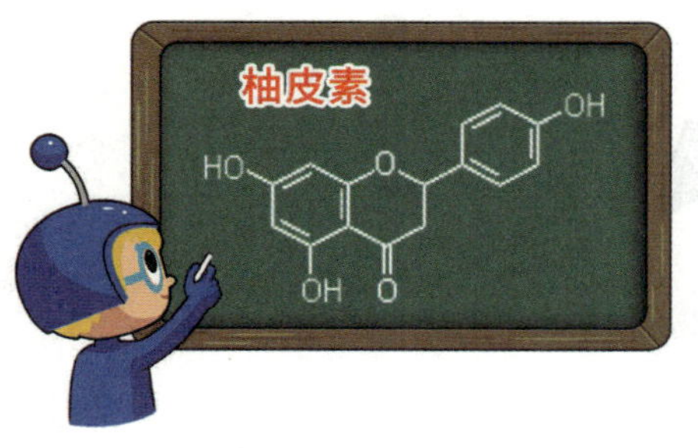

不同食用菌含有的多酚类型也不同，裂蹄层孔菌、木层孔菌属类（菌如桑黄、桦褐孔菌、樟芝等）中的多酚类物质活性尤为突出，其作用机制包括：直接杀死肿瘤细胞；阻滞肿瘤细胞周期；诱导自噬相关的细胞死亡。

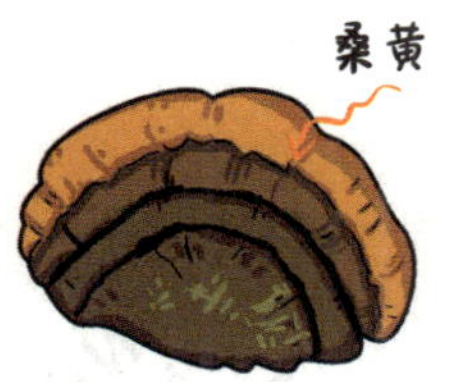

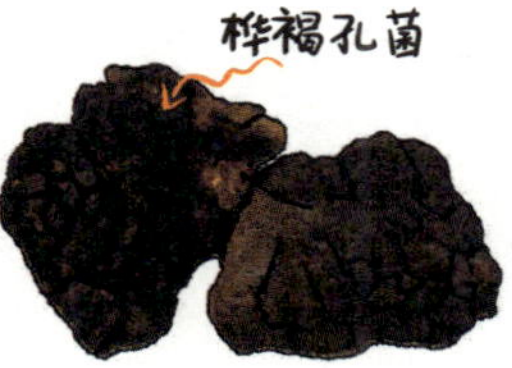

如桑黄中的多酚化合物 Hispidin 可抑制胰腺癌细胞，并增强肿瘤干细胞对化疗药物吉西他滨的敏感性。桑黄特有的酚类物质 Hispolon 能阻滞白血病、黑色素瘤、乳腺癌及肝癌细胞的周期，还可通过下调络氨酸酶表达及激活 Caspase-3 等信号通路诱导肿瘤细胞凋亡。

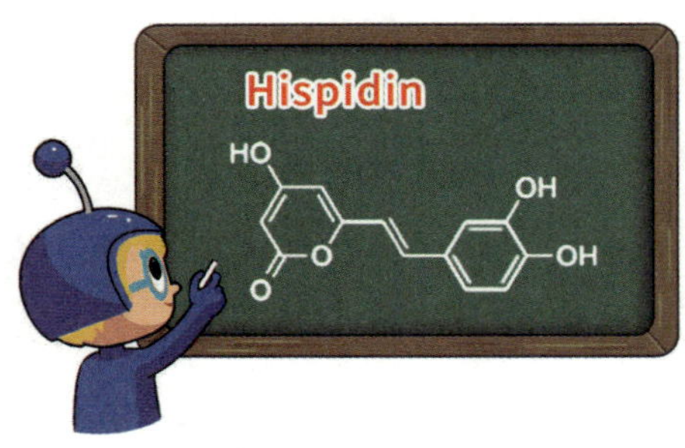

菌物多酚有抗炎作用

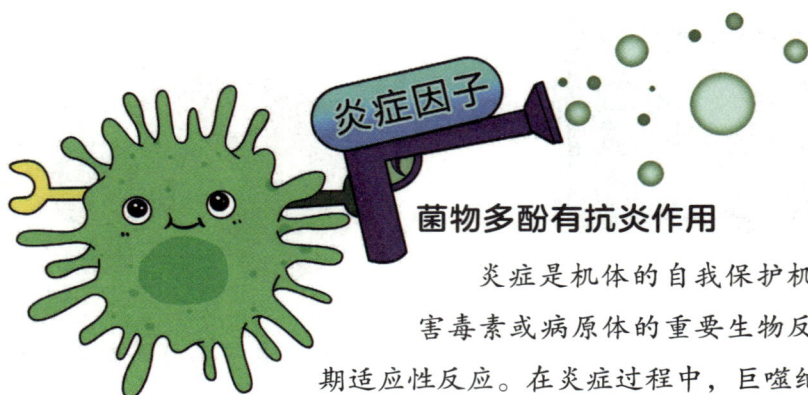

炎症是机体的自我保护机制，是清除有害毒素或病原体的重要生物反应，通常为短期适应性反应。在炎症过程中，巨噬细胞、单核细胞等炎性细胞会分泌炎症因子（如TNF－α、IL－1β、IL－6），促发炎症发生。

许多食用菌中的多酚类物质具有抗炎作用，如双孢蘑菇、平菇、松乳菇、鸡油菌中的对羟基苯甲酸、对香豆酸、肉桂酸以及糖基化衍生物，能够抑制炎症因子NO的产生，并降低iNOS、TNF－α、IL－1β和IL－6的mRNA表达。

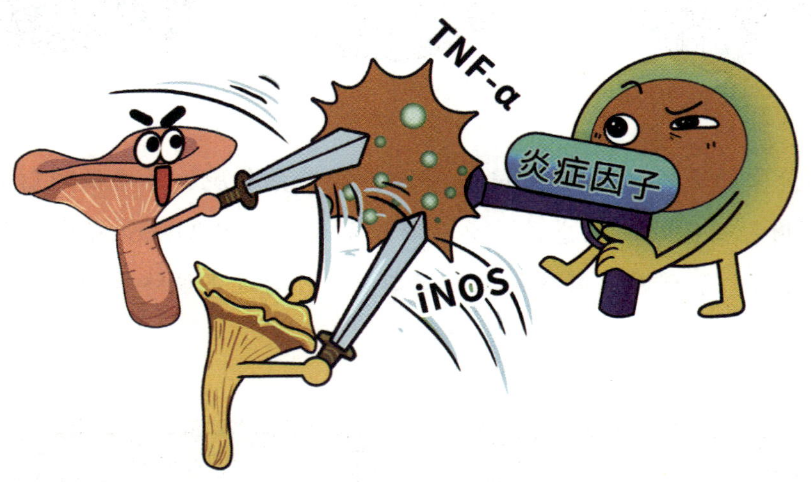

某些食用菌多酚的半抑制浓度（IC50）仅需几微克即可显著抗炎，表明其具有巨大的开发潜力。多酚是食用菌生长过程中产生的次级代谢产物，其结构与植物多酚差异显著，许多成分为菌物独有。因此，多样化摄入不同来源的食用菌，可补充植物中缺乏的多酚，为人体提供更全面的营养支持。

3.9 食用菌的发展潜力

食用菌与人类相伴已有数千年历史，在古代，人们赋予食用菌许多美丽的传说，如“瑶草”“白娘子盗仙草”等。

现代人对食用菌的了解越来越多，不仅掌握了人工栽培技术，也越来越喜爱食用菌。

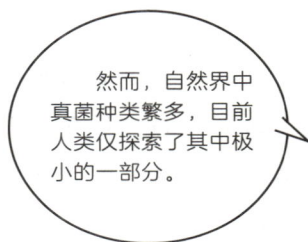

然而，自然界中真菌种类繁多，目前人类仅探索了其中极小的一部分。

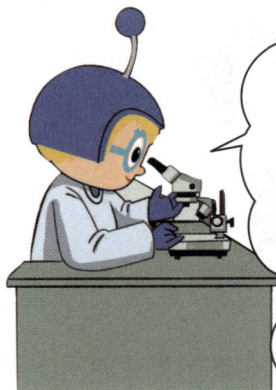

以裸盖菇素为例，这类曾被视为致幻菌的成分，如今已成为潜在的医学利器。尽管尚未大规模开发应用，但其在疾病防治等领域的研究已取得显著进展。

裸盖菇素能温和调节人和动物的意识状态，且毒性较低，是一种极具潜力的精神疾病治疗药物。

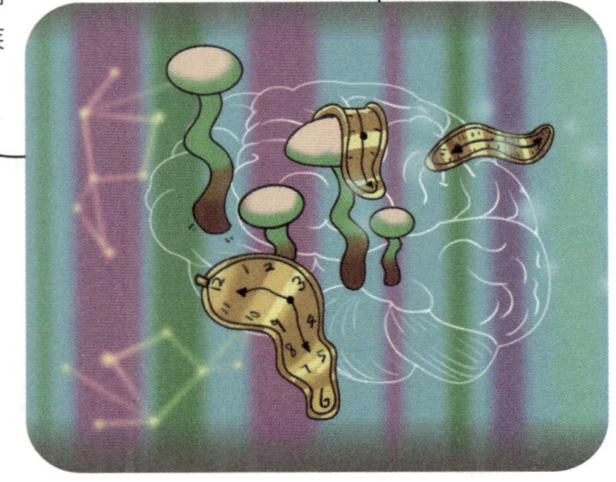

目前，裸盖菇素已应用于精神分裂症、抑郁症、阿尔兹海默症等疾病的研究与治疗。过去十余年中，纽约大学、约翰霍普金斯大学、伦敦帝国学院等机构研究表明：单次裸盖菇素治疗可快速、持久地缓解抑郁症及相关症状。

此外，食用菌在健康食品领域展现出独特的优势，如高蛋白、低脂肪和富含活性成分；在环保方面也发挥了重要作用，如开发菌丝皮革、可降解包装材料等。

随着人类对食用菌研究与利用能力的提升，其必将在生活中扮演更重要的角色，最终成为推动人类进步的伙伴。